空间思哲

空间本体与载体的抽象关系

叶铮／著

辽宁科学技术出版社
·沈阳·

引言 Introduction

本书对空间的分析，旨在提供一种从抽象意识到具体方法的系列论述，是一种由空间思想出发到空间思考方式，再到空间关系操作的全新总结，以期对设计实践与理论探索带来不同的启迪。

空间本体，存在于混沌初开之先的世界。

空间载体，存在于混沌初开之后的世界，

与时间同行。

人类，很难看清空间，

因为，造物主在创造人的时候，

已然将人类置于难以辨析本相的通道之中；

同时，又将我们的认知，

置于能获取快感的欲望之中。

叶 铮

前言 Preface

本书的成形始于2010年《室内设计纲要》中第三章的“空间构形”。对本书提出的观点，可追溯到2004年前后，至今已有十多年。

由于抽象关系在空间认知环节中处于较深的理解层面，原本计划在《室内设计纲要》一书的基础上，进一步深入论述关于空间抽象关系的思考总结。但，考虑到思维解读有一个循序渐进的过程，以便于读者能更顺利的理解本书后半部分的内容，最终还是决定从头说起，将本书分成上、下两篇。如此，才有了本书前面四个章节。

作为一个设计师与设计教师，我始终期望能写成一本有关空间方面的书籍。一方面，空间认知是设计专业永恒的话题与专业进步的核心力量；而所以成为永恒的话题，又是因为第二方面的原因——世上对空间的论述虽然不少，总体上反映为两种趋势：其一，有精辟深刻的思想，但却只言片语，缺乏论述的系统性与科学性；其二，有论述的系统性与科学性，但却流于浅显。

基于上述缘由，趋使我开始整理十多年的课堂讲稿与设计实践的思考记录，并在此基础上再次整理成文。

一个更有意味的认知是，在探索空间问题的过程中，不由得出现之前未曾意料的收获：对空间的研究，已然进入到宇宙鸿蒙的思考、进入到人类先天性认知缺陷的认识、进入到欲望世界与精神意义的发现。其价值远超乎专业思考本身，是一个伴随空间思考过程所逐渐展现的空间思哲。

由此可见空间之广袤，足以容纳无穷的意识与物质形态。

本书由“何为空间”的问题入手，剖析了空间的本体含意与空间的载体语言。对于“空间向度”“二次空间”到“抽象关系”的论述，则是基于室内设计专业特征所展开的空间探讨。因此，本书首先是一本作为提供室内设计师理解空间的专门读物，同时亦是作为广义空间的研究对象——包括其他设计领域的设计师及相关学者提供参考的读物。但愿在空间这一话题的讨论中，由专业技术延伸至哲学层面的思考，同时也从哲学、人文、艺术、科学等研究成果再次互动到设计学科的研究，使得对空间的探索相融共生，破除领域边界，将认知回复本原的完整。

其实，包括建筑史在内的艺术发展史，就是一部“看”的历史，是从如何“观看”到如何“看待”的历史。站在空间的立场，“空间思维”成为一种对“观看”的反思和对视觉的批判。因此，本书既有对空间视觉操作层面的论述，也有对空间思哲层面的分析反思。

最后，希望本书的问世，能较为深入的对空间进行系统化专业梳理，并对空间及相关问题的思考有所裨益。

目录 Contents

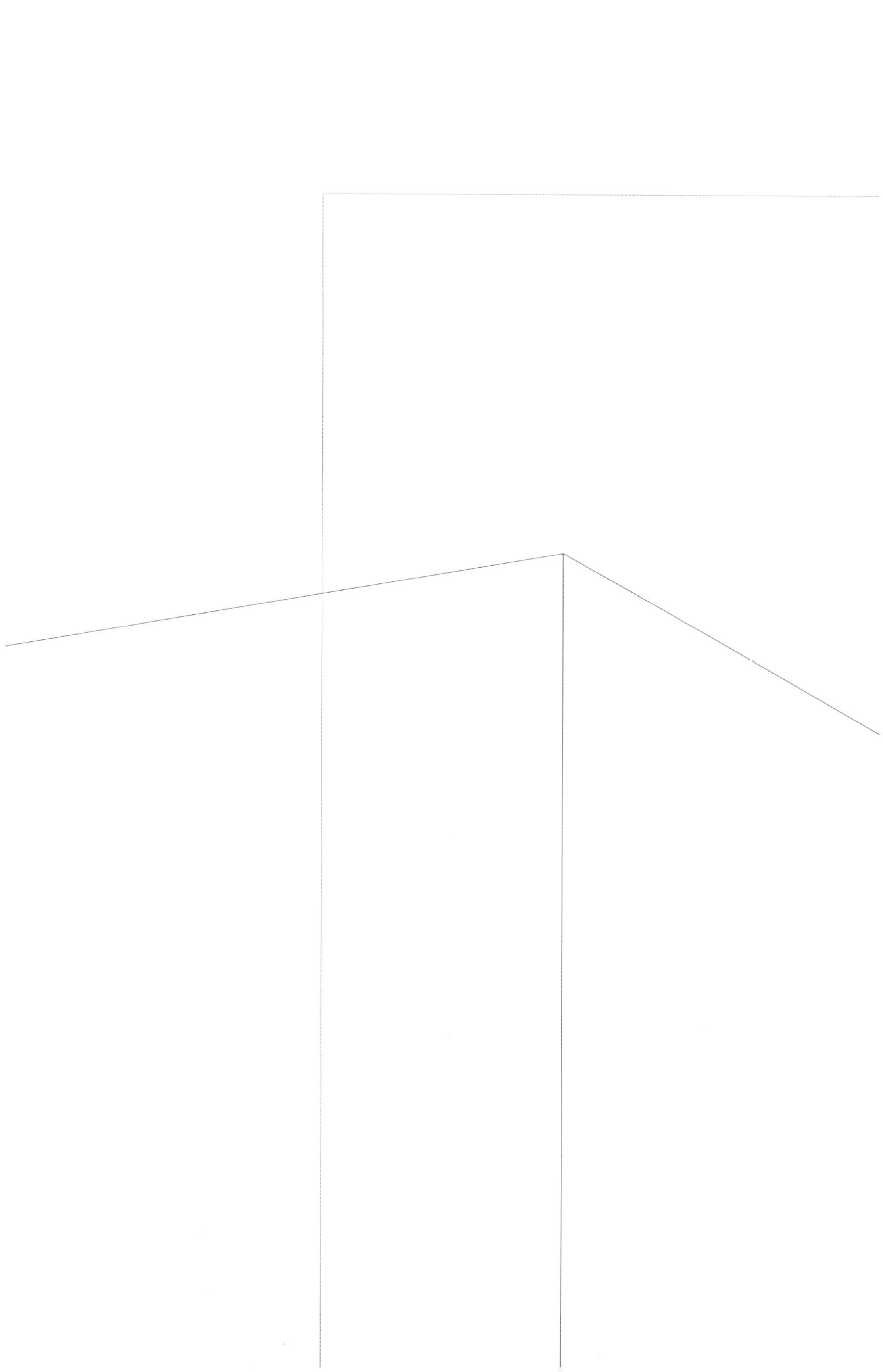

上篇

本体与载体

● 空间认知
● 空间认知的抽象性与复杂性
● 空间向度与选型
● 二次空间与秩序感

一 空间认知

1-1 认知的跨度

从一个狭义的视角，我们由专业思考开始进入对空间认识的旅程。

宇宙广袤，浩瀚无际。而我们现在所指的空间，通常是从建筑学语境出发的狭义空间，意指被分割和围合后的场所，是一个被强调有“空间感”的区域。

空间，对设计类专业而言永远是一个最大的求索课题，亦是人类认知世界永恒的话题之一。

对空间的认知，文明的历史似乎显得格外漫长而艰辛，几乎没有哪一件事情的认知跨度，能够比空间认识的进程更为缓慢。

以建筑为例，空间认知的飞跃几乎是每隔两千年左右为一个时间单位的跨度，前后共计产生三次认识上的飞跃。

远古时代，大约在公元前 4000 年前，人类以穴居与巢居为安身遮蔽体，虽说有相当的创造性表现，如遗留于洞窟中的壁画等。但，对空间构筑却毫无概念，空间意识几乎为零（见图 1–1–1）。

大约过了两千年时光，在公元前 2600 年前后，埃及金字塔建造完成，它标志着几何理性构筑物的诞生。虽然金字塔的建造仅仅是从空间外形的意识出发，却因此完成了空间外形认识与建造的第一次飞跃，并持续发展了近两千年时光（见图 1–1–2）。

大约又过了两千年左右，在公元 100 年时，以罗马万神殿为代表的建筑突破了空间仅仅从外观出发的思维，开始进入到空间内部形态的创造。室内空间的设计意识由此出现。但建筑内部与外部的空间关系仍然彼此分离，空间概念处于静态化阶段。至此，完成了建筑史上第二次空间认识的飞跃，并在之后的岁月中持续影响，恰如著名诗人歌德所言：“建筑是凝固的音乐。”（见图 1–1–3）

图1-1-1 美国土著人帐篷，树干做骨架，包以兽皮。
W·H·杰克逊

图1-1-2 埃及金字塔

图1-1-3 古罗马万神殿室内与剖面图

继万神殿之后大约两千年，时光到了1929年，由德国建筑大师密斯·凡·德罗设计的巴塞罗那国际博览会德国馆，再次打破了两千年之久的沉默，开创了自由流动的建筑空间，结束了空间内外彼此分离的状态，也因此瓦解了“建筑是凝固的音乐”这一历史名言，在建筑史上完成了空间认识的第三次飞跃（见图1-1-4）。

图1-1-4 巴塞罗那德国馆室内一景

自密斯·凡·德罗带来的第三次飞跃之后，虽说当代建筑发展呈现前所未见的暴发，但人类总体对空间的认知过程仍然显得十分艰辛而缓慢，以至在悠远的文明长河中，对空间理论的论述，依然十分珍稀。

回顾古今对空间理论的论述，无非存有两大类情况：其一，对空间的论述不乏其深刻而富启迪的洞见，但多以只言片语的形式出现，缺乏系统性论述；其二，对空间论述具有系统性的梳理，却如教课书般流于浅显。

总而言之，在空间认识与表述上，不是倾向深刻的碎片化，就是趋于浅显的系统化。

那么，空间到底是什么呢？

1-2 什么是空间

什么是空间？或者说：什么是专业意义上的狭义空间？

空间，是一种之间的关系存在；
空间，是一种形式逻辑的语言；
空间，是一种秩序感的提炼；
空间，是可被某种方式度量的态势。

比如：长度、宽度、高度……是一种关系，即领域的度量关系。
前后、上下、左右……是一种关系，即领域的摆位关系。
高低、大小、直曲……是一种关系，即领域的形态关系。

平行、成角、环绕……是一种关系，即领域的方向关系。
抱合、对峙、叠加、对称……是一种关系，即领域的形式逻辑关系。
聚合、通透、流变、闭锁……是一种关系，即领域的能量编辑关系。
明暗、冷暖、轻重、虚实……是一种关系，即领域的媒介属性关系。

当然，还有层次与比例的关系等。

除上述常见的关系之外，更有无限之多的内容有待人们不断发现。被发现的关系越多，对空间认知的专业性则越深。

可以讲：空间即关系。

所有的关系，又体现出更加深层的现象：即“力量”与“方向”。空间也因此可视为“力量”与“方向”的建构关系。参见第六章“场域建构”中的 6-1-2 小节。

其实，对空间的认识，也是对“观看”的反思，反思越深刻，空间认知越清晰。建筑史的发展，正是从如何“观看”到如何“看待”的一部发展史，是空间认知的具象性与抽象性相交融的历史。

二 空间认知的抽象性与复杂性

读懂空间认知的抽象性与复杂性，是开启理解空间的钥匙。从狭义空间的研究开始，再进入到广义空间的认识，是一个对空间全新价值的认识过程。

2-1 空间认知的障碍

空间，作为关系的存在，决定对其认识的特征——“通过现象看本质”。

换而言之，空间往往不能直接被感知，它需要载体转换，间接完成对空间的认识。

打个比方，空间一词的抽象性类似于：“社会”“人民”“正义”“善良”……这些抽象概念对大家并不陌生。当人们试图回答这些抽象概念时，自然会被许多具体人物或事件的记忆包围，并用无数直接或间接的经验来试图解说其涵义，以至于在解释这些抽象概念时，往往会采取“比如……”等转换句式来帮助说明清楚。

同样，当人们谈及空间的时候，亦倾刻会联想起许多有关空间的具体感受与记忆，并试图通过所见之形象加以描述总结。

因此，空间认知的过程，实际上是体现空间本质的抽象性与空间显现的具象性之间的对立纠缠。

空间本质的抽象性，说到底是因为体现了一种关系的存在，是反映隐藏在表象背后的力量态势，而非可见的具体之物，属于非物质状态。

空间显现的具象性，其实就是空间本质抽象性的转换载体，是空间物化的显现形式，更是一种空间表述的媒介语言，即“空间语言”。其使命是将空间纯粹的抽象意念，显现为可视的现实场景，以符合人的认知方式。

举两个例子：当人们欣赏一幅画作时，首先会被作品动人的造形、丰富的色调、精湛的用笔、迷人的光影，甚至入味的细节刻画等所感染；同样，当理解某个建筑空间时，我们也首先会关注围合的墙体、覆盖的顶面、造形的手法以及空间材质与界面装饰、室内家具的风格，甚至特定的场所气息等因素。然而，在人们被作品表现媒介吸引的同时，却极易忽略作品背后暗藏的形式逻辑、建构秩序、场域力量等抽象关系，而一旦剥离这些空间表现媒介，作品的逻辑秩序和抽象关系，同样不复所见。

至此，在空间认知的过程中，开始出现两大极易混淆的概念：即“空间本体”与“空间载体”。

什么是空间本体呢？

“空间本体”又可视为“空间关系”，是空间抽象存在的本质，与“空间载体”，也就是“空间语言”共同构成对空间的理解。因为，媒介语言是对空间的传达，却不是空间本身，又极易干扰对空间的认识，以至于模糊两者的内涵，产生认知上的误区。这便是认识空间复杂性的缘由所在：表现为语言载体与空间本性在认知上的纠缠博弈，以及具象世界对抽象关系的掩盖迷惑。

那么，什么是空间语言呢？

对“关系”的呈现，通常需要凭借真实的转换载体，借助“空间语言”可将“空间关系”具象化。空间语言就是将空间抽象关系可视化的物质媒介，具体包括：“形态”“色彩”“材质”“肌理”“光线”等最基本的视觉要素。通过视觉媒介或非视觉媒介的语言载体，方可将不可见的空间抽象关系转译成可视的具体场景。而设计师的水准，则无疑反映为对语言的驾控能力。

物化的空间语言，使人们对空间的感知从一开始便步入到具象视觉的规定中，并在认知中充分获得视觉体验的愉悦快乐，不断满足人们的认知天性。由于如此先天性的认知习惯，在大家的认知被视觉感官绑架的同时，还将沉淫于视觉所带来的享受，并彻底膜拜在语言媒介所产生的魅力之下，从而忽略了存在于精彩表象背后的抽象原型（意念）。而艺术的出现，恰巧又将这种人性的缺陷和对感官的满足推向文明的极致。

于是，这种来自于人类先天认知方式的局限，构成了对空间本性理解的最大障碍。而艺术的诞生亦由此成为人类最伟大的障眼法之一。加之历史的发展有更多“文化”理念被进一步植入空间，并在各类伟大风格的裹挟之下，对空间本相的认识则越加遥远。

2-2 媒介语言的同构与互换

空间语言的存在服务于空间的抽象关系。语言自身在空间中没有独立性，并且彼此之间可以被服务于空间目标的其他语言所替换。只有语言背后的秩序编辑，才是终极存在的本相。

基于上述缘由，不同的表述媒介，即不同的空间视觉语言，均持有同一的服务目标，并服从于整体空间抽象关系。语言作为物化媒介的共同使命，可谓是条条道路通罗马。

因此，不同语言媒介与空间关系的目标之间，存在两条更为抽象难解的现象：其一，由于目标使命趋同，相互之间的不同语言媒介，可以彼此互换。只要保持表象背后的关系不变，即使剥离了特定的形、色、质、光等物化媒介，留下的仍是“之间”的逻辑联系：如方向、位置、大小、对峙、平衡等秩序，互换后的媒介语言，依然能够完成表述空间的使命。其二，在某些空间中，某一特定对象的造形往往会对应其固定的色彩或材质表现。进而言之：有什么样的形，即对应什么样的色调或质感。而且，一般都是以一组色彩与材质的组合，对应一组形态的构成。倘若打破这种来自天然默认的对应搭配，时常会使人陷入茫然不适。这一现象说明：形、色、质之间的表达同样服从于背后的逻辑默认。

前一现象说明：**使命的同一性，使语言可彼此互换**；后一现象说明：**使**

命的服从性，使语言失去互换的自由。两者现象共同揭示出空间语言的非自主性特征，及空间语言的依属性角色。

理解这一现象，有助于设计师，尤其是室内设计师在对待设计语言表达中，能步入更加自由的表现境界，直抵空间语言背后的关系建构。

于是，形就是空间、色就是空间、质就是空间、光就是空间……在空间里，其形、色、质、光的独立性价值退居次要，甚至消解。

进而，在空间媒介的逻辑中：
形即色，色即形
色即光，光即色
质即形，形即质
光即形，形即光
色即质，质即色
光即质，质即光
……

这就是视觉媒介在空间物化中的同构与角色互换。发现这个现象，使我们不再将这些视觉语言简单分裂开来对待，它们本质上是一回事情。

2-3 空间与欲望

对“所见”的满足与享受，是人类获取信息最自然最原始的方式，凭借“视觉”方式，开启了对空间的理解。

事实上，对空间而言，“眼见为实”这一古老的铁律是一个谬误，完全是由认识方式的先天性障碍所决定。而这样的认知方式又决定了人对视觉过程的追求，还将获得最坦然的认可和满足。甚至于如此满足所导致的认识快感，又逐渐构成人类文化的重要组成部分，开启着人性中最深层的欲望诉求，距离空间真相亦日趋渐远。

由此，“空间”与“欲望”成为认知世界的两大对峙阵营。对“空间”的追求也始终成为对“欲望”的博弈。

所谓“欲望”是指一种对“有”所持的方式与追求，是对“获取”的选择与冲动。

“欲望”可分解为“智性欲望”与“物性欲望”两种类型，后者是欲望的狭义解读。如：“所见之欲”与“口腹之欲”就分属智性（精神意识）与物性（物质肉身）两重性。其本质都是对某种“有”的满足与享受，而“智性”层面的欲望，更多反映出认知过程对“有”的开始与建构，是对“有”之方式的创造与追求。

广义的空间，即纯粹意识中的空间，似乎是世纪混沌初开之先的存在，是彻底的非物质、非语言、非欲望状态，是“无”的存在，永恒的抽象。如若揭开呈现空间的铁幕，必得注入形式语言的物质载体，即物化媒介，使“无”化作为某时、某地之某景的存在，即“有”的诞生。

在空间的认知中，“空间”与“欲望”分别对应“无”与“有”的存在世界，对应抽象与具象、意念与物质、非欲与欲望的矛盾纠缠；更对应着神性与人性的两极差异，是“空间本体”与“空间载体”之间的区别。

本体之“空”，并非什么都“无”，只是不被所“见”。通过所见之境的转释，使人眼见万千缤纷的世界，却也隔阂了对空间本体的认识。在此意义上，对空间的理解，似乎盲眼人会比明眼人更胜一筹！

而作为对空间之“有”的追求，即视觉形象的展现，人类最伟大的形式莫过于“视觉艺术”，是欲望的语言媒介。与此相对，则是逻辑与数学的形式，也是人类最贴近神性的语言媒介。

此外，“有”也是具有程度之区别。不同程度的“有”同样体现不同程度的“无”，与“欲望”的距离也就各不相同。

我们不难发现，在艺术语言的表达中，平面化的表现语言将比立体化的表现语言显得更为远离欲念的倾诉；无装饰表现比有装饰表现，特别是多装饰表现的空间更贴近神性；同一性表现手法比多样性表达更加节制朴素；平静的传递比激昂的表述更趋崇高……彻底之“无”只存在于意识之中，所有的造物活动都是不同程度“有”的表现，更是不同程度欲念的结果。艺术与设计的道德精神，便存在于“有”“无”之间的语言选择与分寸把握。为此，绘画史与设计史无疑提供了大量有力的佐证，回顾美术史上安格尔与德拉克罗瓦之争，也就更加清楚回答在谁一方！（见图 2-3-1 ~图 2-3-4）。

通过“有”——语言，间接传递“无”——关系。进而，“有”与“无”，又是什么终极关系呢？

图2-3-1 布鲁纳列斯基
佛罗伦萨圣灵大教堂 1428
（Basilica di Santo Spirito）
文艺复兴的设计典范，超乎寻常的简洁与优雅，摒弃同时代的立面装饰范式，质朴见神

空间通过万物表象呈现出不同风姿，表象依附空间的抽象性而显现出不同的具象魅力。脱离抽象的空间本体，一切表象均不复存在；但，剥离了表象载体，空间的抽象性却依然存在。因此，**只存在没有物质表象的空间，不存在没有空间的物质表象**。

所以说，“无”之显现通过“有”，“有”如果离开了“无”，即什么都不复存在；但，“无”离开了“有”，“无”依然是存在之“无”。相对“有”之存在，“无”是无时间限定的，“有”仅是“无”某一时段场域的再现。这便是“有”与“无”的关系。

如此关系，是否也道出了“空即是色，色即是空”的道理呢！

于是，从狭义的专业空间到广义的空间初探，对空间的认识，实为对宇宙万象的哲学思考。“眼见为实”并非是不可怀疑的真理，“眼见为表”才是真正的事实。认识空间，就是认识世间的起源；认识宇宙，更是对

图2-3-2 多米克·安格尔
安东尼亚·杜瓦嘉肖像 1807 油画
平面化表现语言。静穆隽永，气息高洁

图2-3-3 〔法〕亨利·马蒂斯
作品：钢琴课 245 x 213 cm，1916油画
二维空间的创新意识，高度提炼的平面化主观表现，抽象性语言的探索，但具象形态依然存在

图2-3-4〔美〕罗斯柯ROTHKO
作品NO.9 1950 油画
抽象表现，空无之道，蕴藉神性

人类自身的再认识，是对真相本体的开悟。这便是对空间思考所带来的价值，一个从专业视角出发的意外收获。

空间思哲，帮助我们开悟世纪前后。世纪之前，混沌初开之先，我们似乎都是神；混沌初开之后，我们来到地球，演化成人。人，因此天然带有神性，却在演化中聚集越来越多的魔性。随着人的演化，离神性日趋渐远，直到毁灭。继而为迎接下一世纪的来临准备，周而复始，宇宙轮回。

一切起始于神性，又毁灭于魔性。人性在此两极之中，以欲望为舟，驰向终结。

三 空间向度与选型

空间的意识需要凭借某种构成形式来展现，即“空间构形”。“空间构形”包含具象语言与抽象本性两方面内容，可理解成“空间”+“构形”。联系这两者的共同点，在于维度的认识，并加以度量。

3-1 空间向度

所谓“空间向度”，是指空间意识在不同维度方向的度量方式。

空间是可被度量的场域。对空间的理解可采用向度的方式来论述，不同的向度则对应不同的空间选型。

以 X、Y、Z 三个轴建立起场域的空间轴，以此来讨论空间向度。

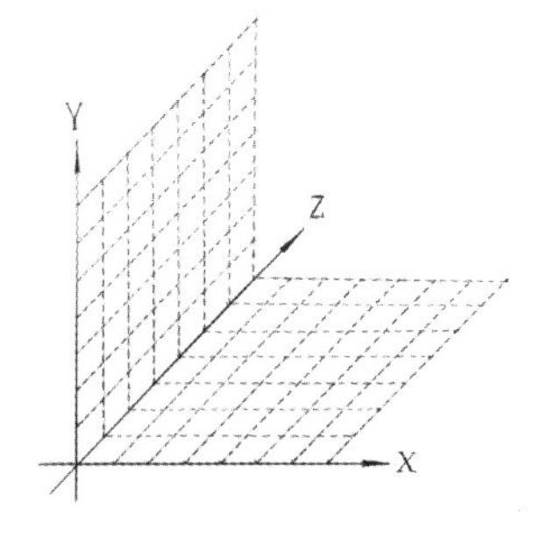

X:水平横向轴
Y:水平纵向轴
Z:垂直竖向轴

假设有一水平面，即 X、Y 两维空间向度。

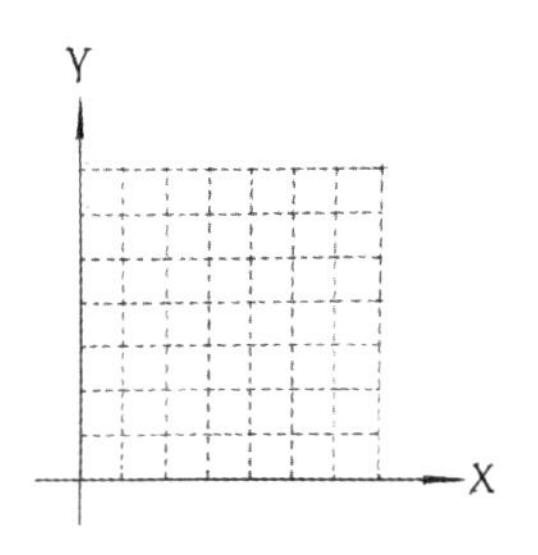

X、Y 两维平面向度，经纬分明

若打破经纬，在 X、Y 向度中设立任意角向度。

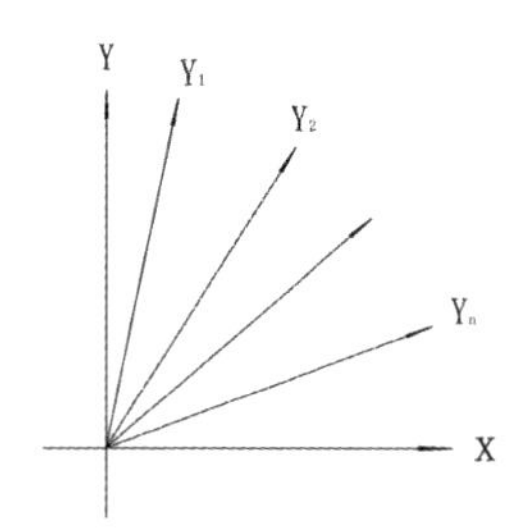

Y（Y_1…Yn） Y轴任意角

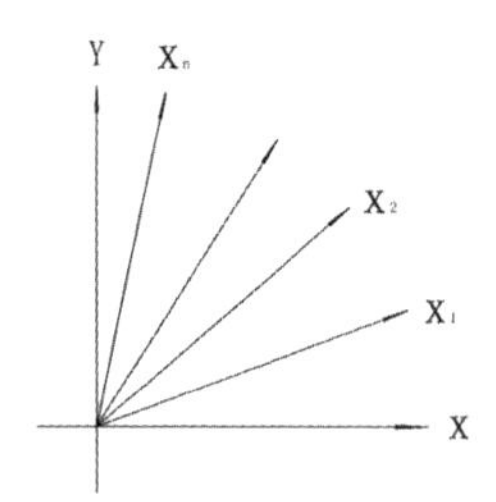

X（X_1…Xn） X轴任意角

代入 X・Y 两维向度

则：X（X_1…Xn）・Y 或

X・Y（Y_1…Yn）

即：两维任意向度

假设在 X、Y 二维向度基础上，向第三垂直维度发展，即 X、Y、Z 三维空间向度。

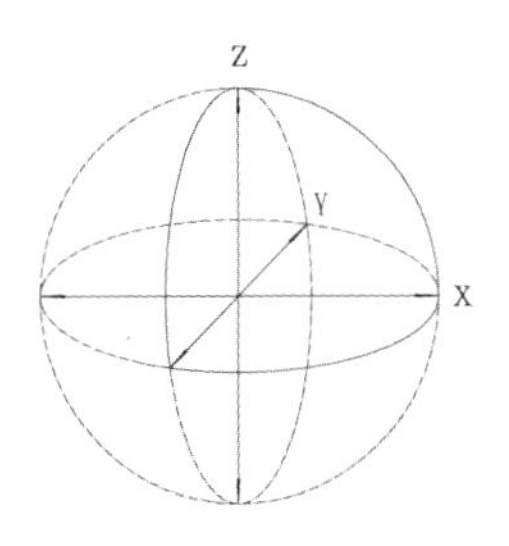

X・Y・Z平面、立体矩状垂直，三维垂直向度
若打破经纬、距状垂直，在Z轴设立任意角向度。

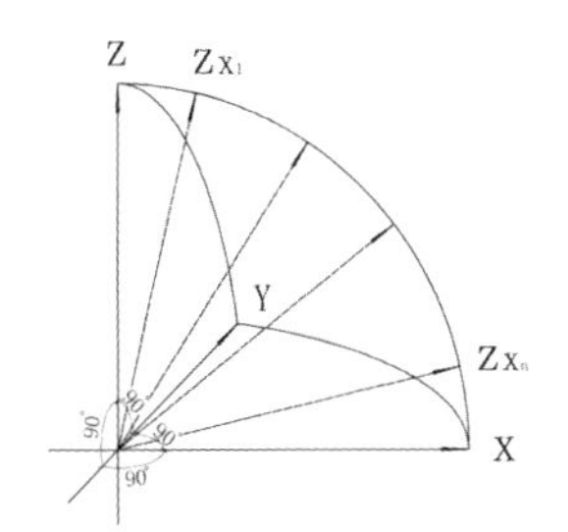

Z（X_1…Xn）Z轴与X轴任意角

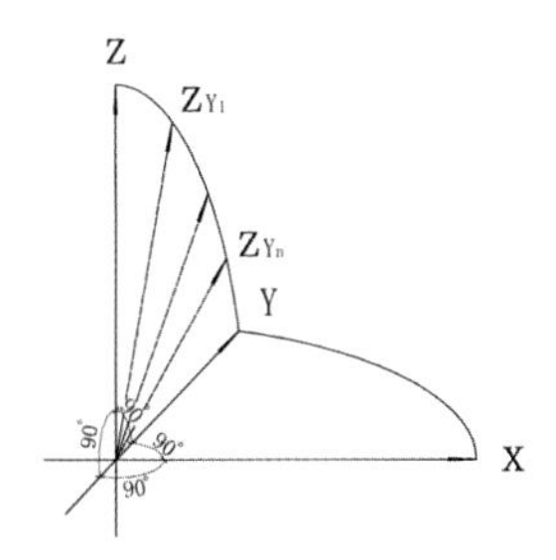

Z（Y_1…Yn）Z轴与Y轴任意角

则：$X(X_1 \cdots X_n) \cdot Y \cdot Z(X_1 \cdots X_n)$ 或

$X(X_1 \cdots X_n) \cdot Y \cdot Z(Y_1 \cdots Y_n)$ 或

$X \cdot Y(Y_1 \cdots Y_n) \cdot Z(X_1 \cdots X_n)$ 或

$X \cdot Y(Y_1 \cdots Y_n) \cdot Z(Y_1 \cdots Y_n)$

即：三维任意向度

上述分析可见，向度能描述空间追求中的任意状态之存在可能性。向度不是单纯寻求空间中的点位描述，而是寻求空间在某一轴向点位可能存在的变化意识，即空间变化的可能性。

因此，对空间向度的理解需要同空间选型相联系。

3-2 空间选型

所谓空间选型，是在向度框架下，对不同空间意识作出图式化的概括，是空间纯粹理念类型化的体现。可视为对不同历史时期，空间原型发展的概念化总结。

选型（一），古典空间

X · Y 二维向度的空间意识（三维只是二维意识的增高）

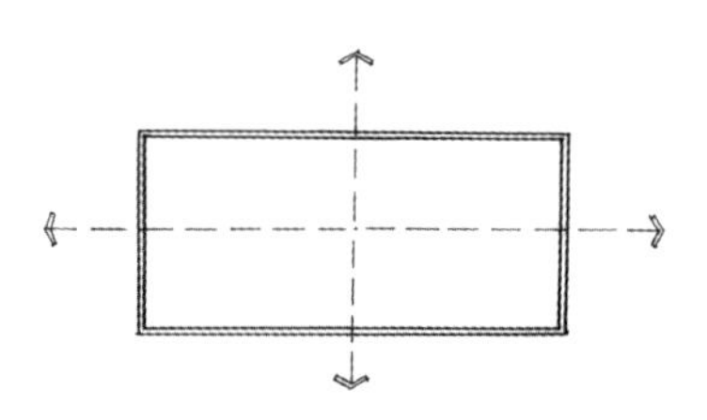

空间呈：单一、对称、封闭、凝固的特点。

选型（二），流动空间

X · Y 二维向度的空间意识。在选型（一）基础上，打破单一、对称、封闭、凝固的古典空间。在二维中寻求层次流变（三维只是二维意识的增高）。

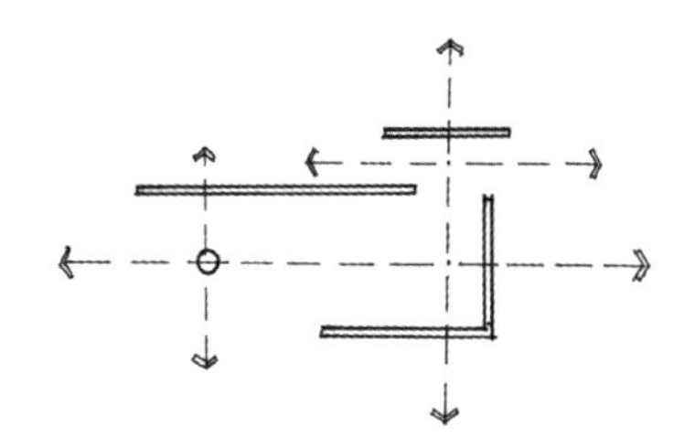

空间呈：经纬分割、开放流动、多重钜阵叠合的特点。

选型（三），多意空间

X · Y 二维向度的空间意识。在选型（二）基础上，发展 X（X_1…Xn）· Y 或 X · Y（Y_1…Yn）二维任意角向度的空间意识，打破纵横经纬、成角多意的空间图式（三维只是二维意识的增高）。

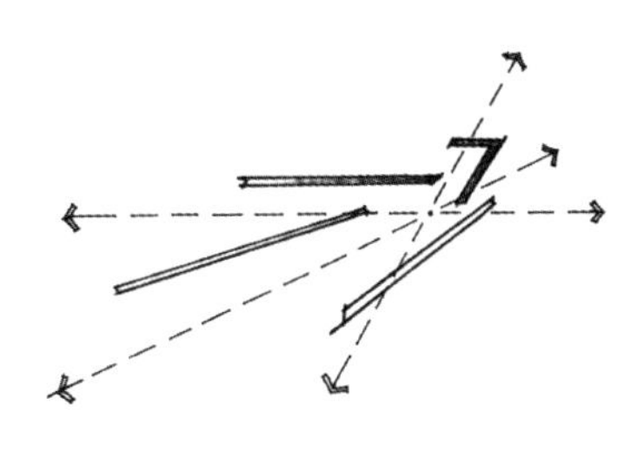

空间呈：复合多意、成角叠合、力量冲突等特点。

小结上述三个选型，从选型（一）到选型（三），都是 X · Y 二维向度的空间意识，具体空间中的三维存在，仅仅是二维意识的立体增高，而无空间意识的专门追求。这样的空间一般只需观看平面布置图，即可了解空间整体状况。

选型（四），运动空间

X·Y·Z 三维空间向度，即：

$X(X_1 \cdots X_n) \cdot Y \cdot Z(X_1 \cdots X_n)$ 或

$X(X_1 \cdots X_n) \cdot Y \cdot Z(Y_1 \cdots Y_n)$ 或

$X \cdot Y(Y_1 \cdots Y_n) \cdot Z(X_1 \cdots X_n)$ 或

$X \cdot Y(Y_1 \cdots Y_n) \cdot Z(Y_1 \cdots Y_n)$

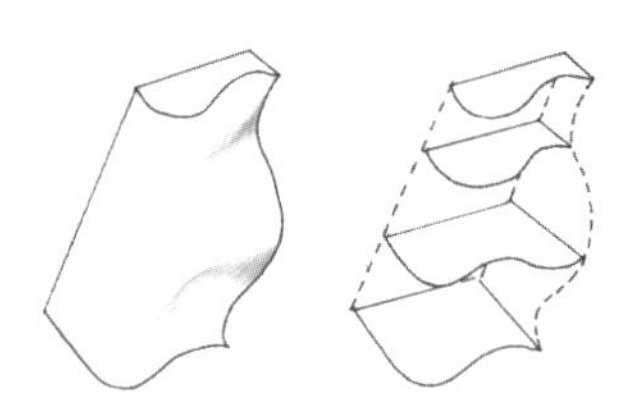

Z 轴意识的介入，使 X·Y·Z 三个轴向同时存在空间的变化意识。空间打破两维平面增高的意识，成为无数变化平面叠加的结果。

空间呈：Z 轴意识介入，各向度运动感同时展开，直线形态消解，但仍然保持平、立、顶各界面划分的空间特点。

选型（五），表皮空间

X·Y·Z 三维空间向度，即：

$X(X_1 \cdots X_n) \cdot Y \cdot Z(X_1 \cdots X_n)$ 或

$X(X_1 \cdots X_n) \cdot Y \cdot Z(Y_1 \cdots Y_n)$ 或

$X \cdot Y(Y_1 \cdots Y_n) \cdot Z(X_1 \cdots X_n)$ 或

$X \cdot Y(Y_1 \cdots Y_n) \cdot Z(Y_1 \cdots Y_n)$

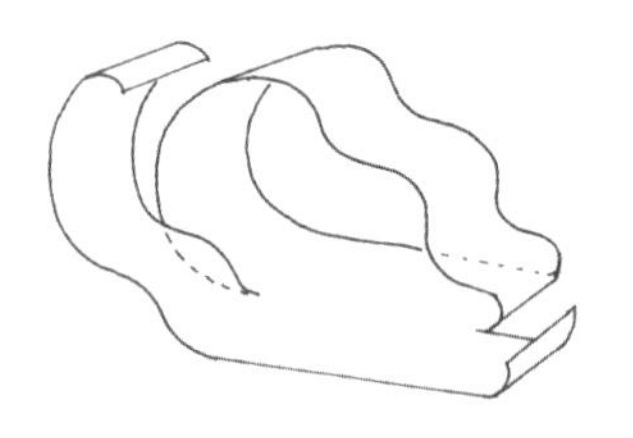

在选型（四）的基础上，打破空间界面的划分意识，使空间成为一张整体连续、自然伸展的表皮界面，彻底消解传统空间意识。

空间呈：自由延展、表皮运动、空间卷曲、轻量解构等特点。

五种空间选型，反映空间在不同时期的精神内涵与价值诉求：
选型（一）：古典空间，理性与征服、秩序与权威——仪式感
选型（二）：流动空间，通透与开朗、民主与沟通——自由感
选型（三）：多意空间，冲突与多意、矛盾与平衡——戏剧感
选型（四）：运动空间，激情与惊喜、力量与炫耀——澎湃感
选型（五）：表皮空间，自然与超脱、回归与再造——生命感

3-3 空间向度发展

似乎，向度意识发展到 Z 轴，从逻辑层面上已经结束，似乎也对以往的空间认知作出一个梳理。

那么，未来的空间向度又将如何发展？

继续从向度的思维逻辑出发，未来的发展将是单向度朝多向度的复合体发展，构成“复合向度”。“复合向度”是将不同单向度叠加而形成更为宏大的向度逻辑。

于是，各个单向度之间的联系成为新出现的维度关系，并有两种可能：各个相对独立的子向度空间体，彼此相互关联的“路径”成为母向度空间的抽象关系；抑或相互平等的向度集群，以某种“路径”共存而构成总体性抽象关系。两种可能均在原单向度秩序中进一步发展，增加向度集群中路径的向度因素，并由路径向度朝着更高级的维度统一，出现向度中有向度的“复合向度”。如此多维建构的意识，需要摆脱物质语言的思考屏障，具体如何呈现，目前仍难想象。这仅仅是对向度发展的一个推论。

3-4 空间向度总结

空间是力量与方向的结果。

向度是空间意识在不同维度呈现的度量概念。在空间向度的概念中，客体世界的“二维”“三维”概念不同于设计主观意识中的“二维”“三维”概念。

进而言之，客体世界中的“维度”，是“长”“宽”“高”的物理存在。**空间概念中的“维度”，是指存在于此维度中的变化意识与主观追求，是维度中的向度意识**。

正如“三维”是 Z 轴向度上的空间突破，有 Z 轴自身独立的建构逻辑，而非指某个物体所存在的长、宽、高的三维现象。由此可见，**向度即反映出有主观意识的维度**。

向度的价值，在于帮助我们理解和发现已存空间意识的发展轨迹，更能帮助洞悉未来空间之变的可能性，最终，将沉睡中的维度可能性，化为主观自觉的意识追求。

四 二次空间与秩序感

4-1 二次空间

在空间选型的基础上，我们开始进入到室内空间设计的话题。

为方便室内设计进一步展开空间塑造，建立起一个思考操作平台，在此提出“二次空间”的概念，同时也为理解空间“抽象关系”打下了基础。

何为“二次空间”？站在室内设计的立场上，将建筑原状提供的空间视为“一次空间”，在“一次空间”基础上再发展出来的新空间，以进一步满足室内设计的要求，就是“二次空间”。

倘若建筑设计与室内设计由同一人、或同步完成时，那么，“二次空间”往往就是“一次空间”。但，更多时候，室内设计与建筑设计因年代、功能等条件上相距甚远，“二次空间”作为空间再造的概念操作，则显得十分必要。

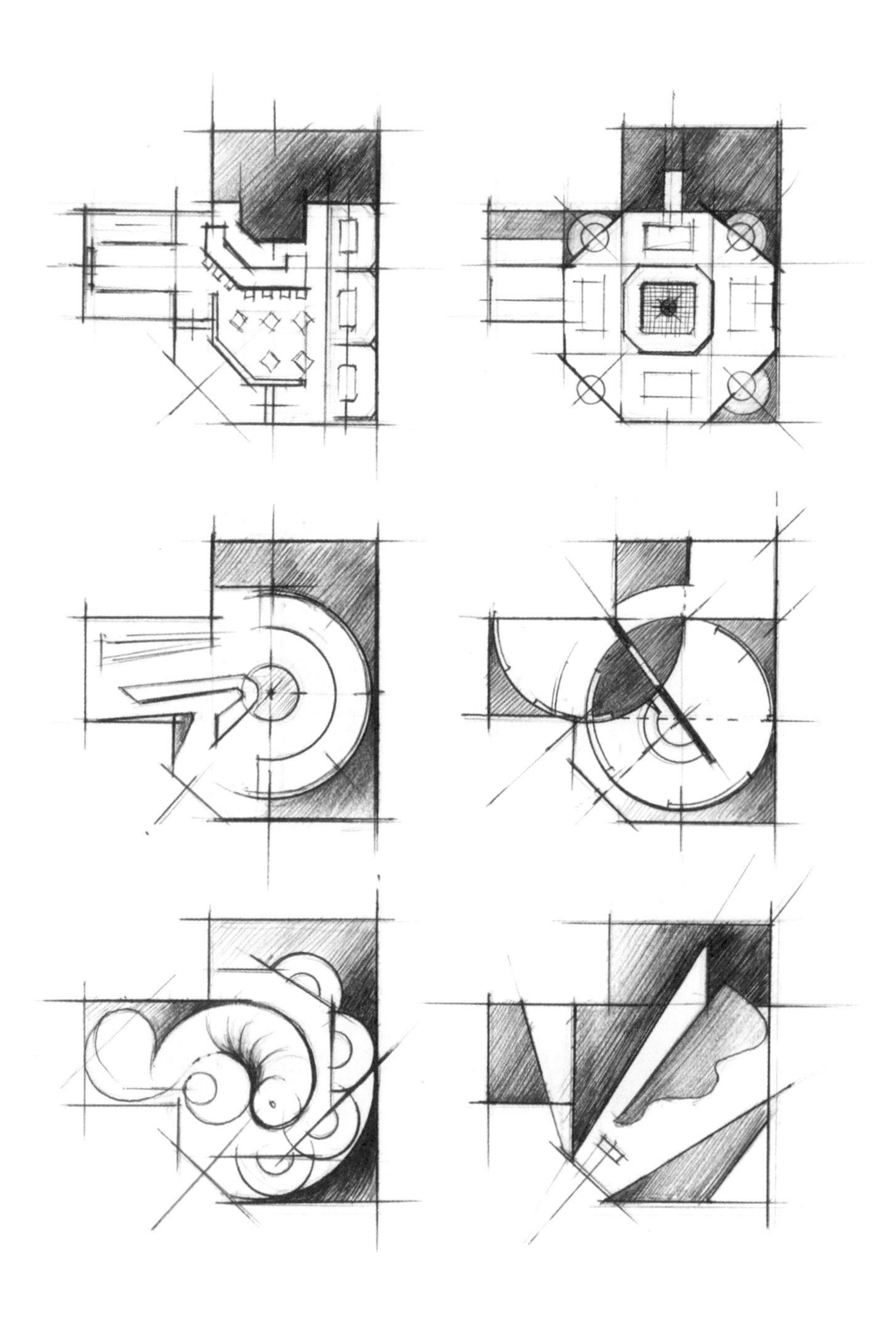

图4-1-1 二次空间课题练习

“二次空间”的特征是形成空间的组织架构。它是一种概念性的模型，具有相当的抽象性，更是室内空间设计最终定形深入的前提。因此，“二次空间”往往无须在设计开始时考虑具体的造型细节，包括材料、色调、装饰、陈设等因素的明确，其目标仅仅为了建立一种空间的态势与框架。“二次空间”的创造水准，决定室内设计发展的高低，是室内设计师的核心能力，它反映出设计师想象力与控制力相平衡的专业素养。

见图 4-1-1 和图 4-1-2，这是一个虚拟的课题练习，在同一给定的一次空间前提下，进行二次空间的设计，按照空间的功能要求，将区域分割、家具布置、流线规划等因素一并综合考虑，并最终发展出三维空间形象，建立秩序感。

“二次空间”作为概念性模型结构，应该是一个三维立体的空间概念，可分为平面结构与立体结构。在初建“二次空间”的概念时，必须明确意识到这一要点，否则许多“二次空间”，最终只能沦为一个漂亮的图案，而无法作为空间对象继续深入推进（见图 4-1-3 二次空间平面、立体模型结构）。

作为模型结构，理解“二次空间”的抽象性，是操作空间抽象关系的开始。

“二次空间”对于室内设计而言，有两大基本使命：其一是功能区域的划分组织，以满足室内设计使用的合理性；其二是建立“二次空间”的形式逻辑，即空间的“秩序感”。

“二次空间”的两大基本使命相辅相成，缺一不可。尤其是对功能区域

图4-1-2 二次空间课题练习

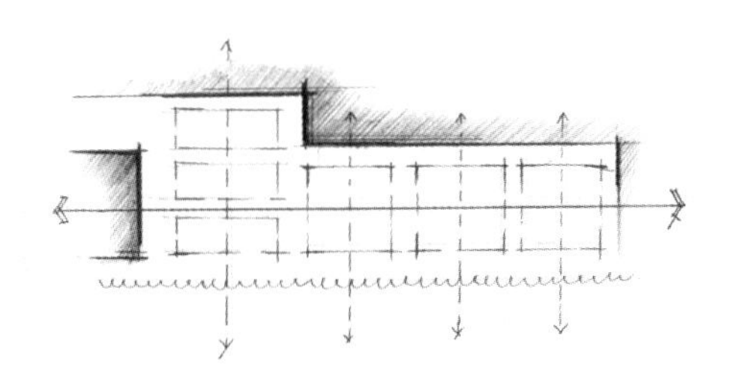

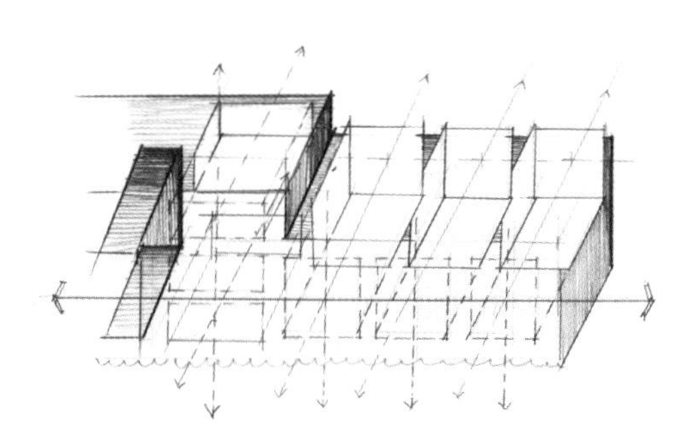

图4-1-3 二次空间平面、立体模型结构

考虑不周，以致造成最后的空间功能无法落地实现，同样只能是沦为一个美丽的图案，抑或是一场大形空间装置表演。相反，只有功能分区的合理性，而缺乏空间组织的逻辑秩序与形式感，空间亦将显得极度乏味。不论缺失哪种情况，都无法成为真正的“二次空间”。

在完成“二次空间”两大基本使命的前提下，“二次空间”的终极使命便是：建立空间的“抽象关系”，使其成为决定其他一切空间因素的指导总则，实现空间的内在逻辑与秩序，详见下篇。至此，“二次空间”的使命才真正全部完成（见图 4-1-4 二次空间的抽象关系解析）。

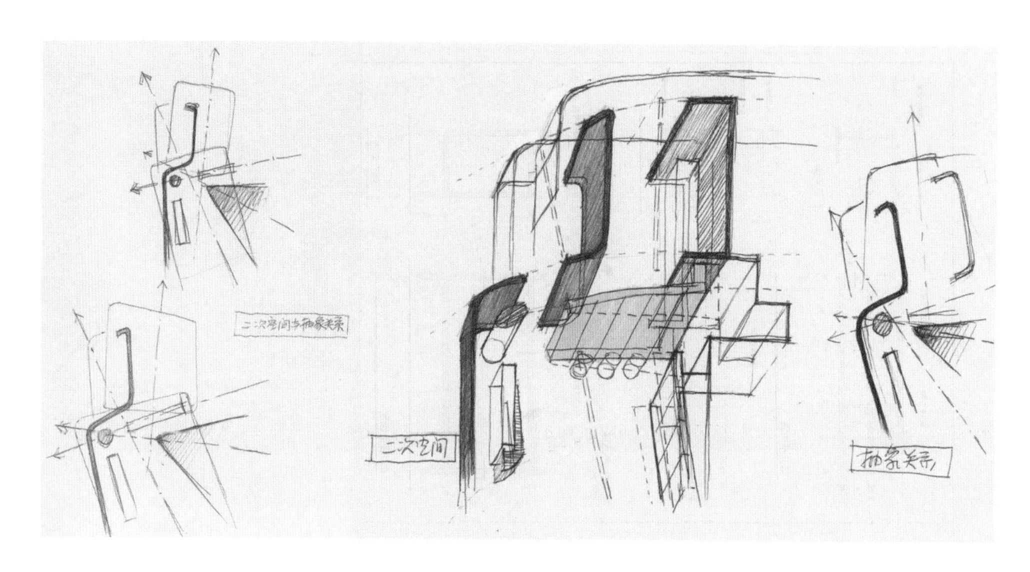

图4-1-4 二次空间的抽象关系解析

显然，在两大基本诉求中，“秩序感”的创建是决定二次空间能否上升到空间抽象关系的关键问题。没有秩序感，室内空间只能停留在功能满足的物质层面，苍白平庸，缺乏感染力。

4-2 秩序感

何为“秩序感”？试举一例：

如果我们将一张纸撕得粉碎并随手一撒，漂落在地的碎纸片呈任意状分布，任何人一眼看去都无法默写出其碎纸片分布在地的平面形状。

又如果，我们将撕碎后的纸片，按照一定的规律摆放成一字形，或者是其他矩形、圆形等。那么任何人一眼即可默写出其分布在地的平面形状。

上述例子说明一个问题：前者无规律无秩序，后者有规律有秩序。

“秩序感”存在于一切艺术领域。亦存在于自然万象之中。秩序感，使对象保持清晰的条理与可识别性，因此更易于理解和记忆，同时，也会带给人在认识过程中对理性的满足与愉悦。

秩序感是空间的构成逻辑和整体态势，其背后是力量与方向的能量平衡。

在自然界中，如：海浪拍岸、山脉走势、风吹草动、群马奔腾、植物生长……充满着秩序感（见图 4-2-1 ~图 4-2-3）。

图4-2-1 山脉连绵的秩序

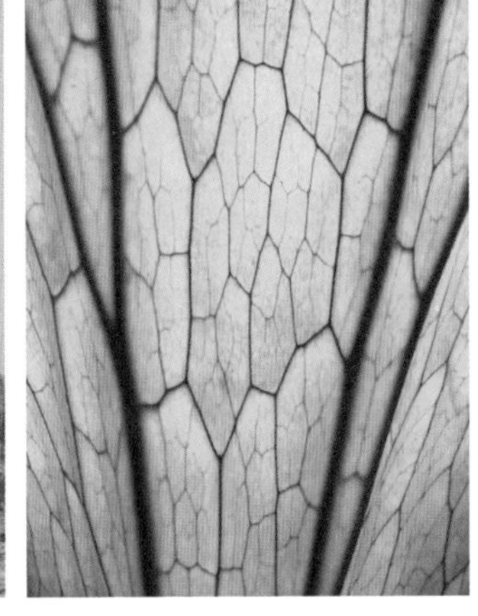

图4-2-2 植物生长的秩序

图4-2-3 海浪拍岸的秩序

在空间创造中，秩序感又分别体现为：“优美比例的控制”“造形母题的统一”“空间布局的逻辑”“属性同类的分配”“形态层次的组织”“韵律节奏的建构”“界面编排的有序性”等设计手法。

上述空间秩序感的特征在设计中时常交叠出现，比如：“造形母题的统一”与“优美比例的控制”“空间布局的逻辑”与“属性同类的（色、材层次）分配”“韵律节奏的建构”与“界面编排的有序性”等，有时是两两复合，甚至出现更多选项的组合（见图 4-2-4 ～图 4-2-13）。

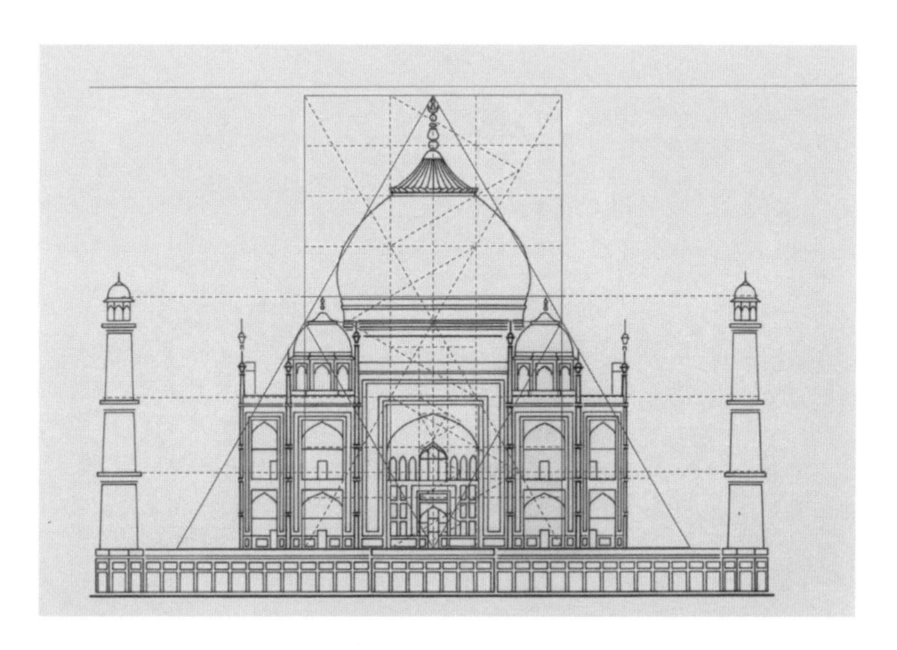

图4-2-4 优美比例的控制。印度泰姬陵

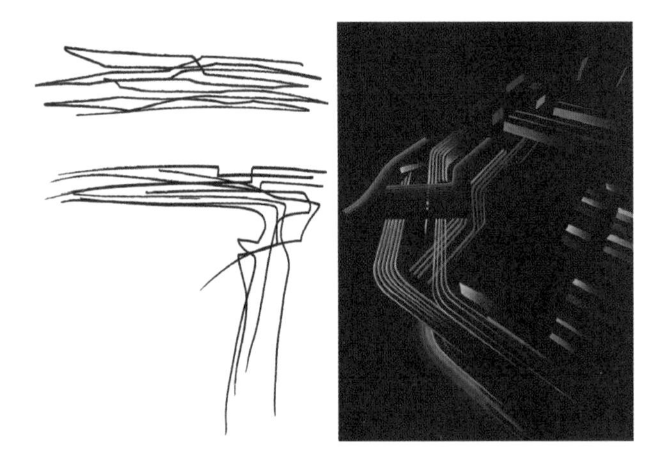

图4-2-5 造形母题的统一。扎哈概念图示

图4-2-6 属性同类的分配

图4-2-7 空间布局的逻辑。14世纪意大利理想城市原型

图4-2-8 界面有序性、韵律节奏、形态层次。米兰公寓，阿尔多•罗西设计

图4-2-9 韵律节奏的建构、造形母题的统一。
梅赛德斯奔驰博物馆，UNStudio 事务所设计

图4-2-10 形态层次的组织。拉图雷特修道院，柯布西耶设计

图4-2-11 韵律节奏的建构

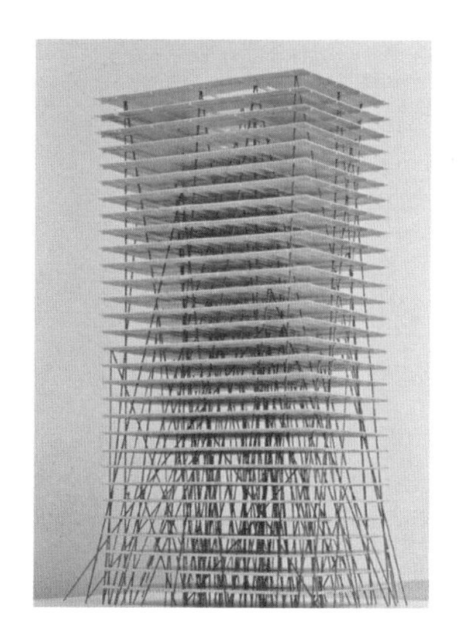

图4-2-12 形态层次的组织、属性同类的分配

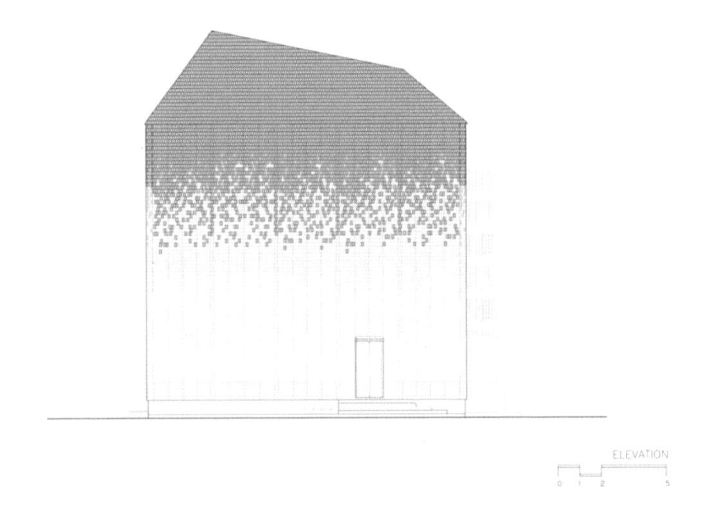

图4-2-13 界面编排的有序性、属性同类的分配。泰国 Little Shelter酒店，Department of Arohitecture 设计

在空间秩序形成的过程中，由于秩序感呈现的方式各异，难以做出较为明确统一的归纳，但其形成路径仍然伴随如下共同的过程和特征，见下表：

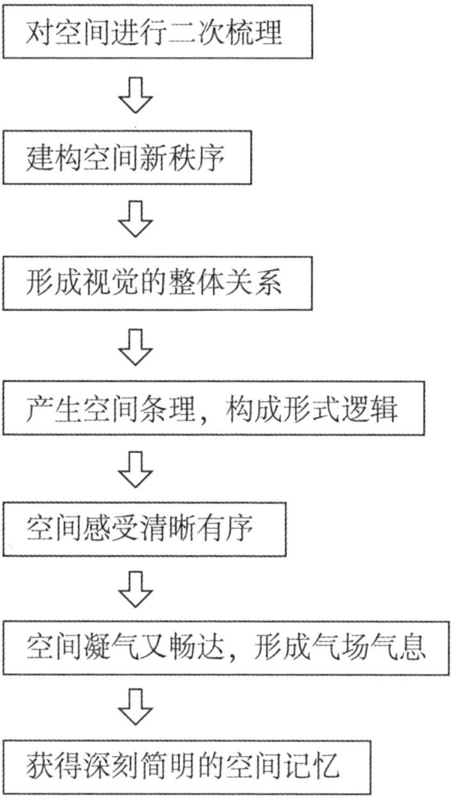

对空间进行二次梳理

⇩

建构空间新秩序

⇩

形成视觉的整体关系

⇩

产生空间条理，构成形式逻辑

⇩

空间感受清晰有序

⇩

空间凝气又畅达，形成气场气息

⇩

获得深刻简明的空间记忆

一个真正的好空间，当去除一切表皮装饰之后，凭借逻辑秩序，空间依然清晰有力，富有场所气息。

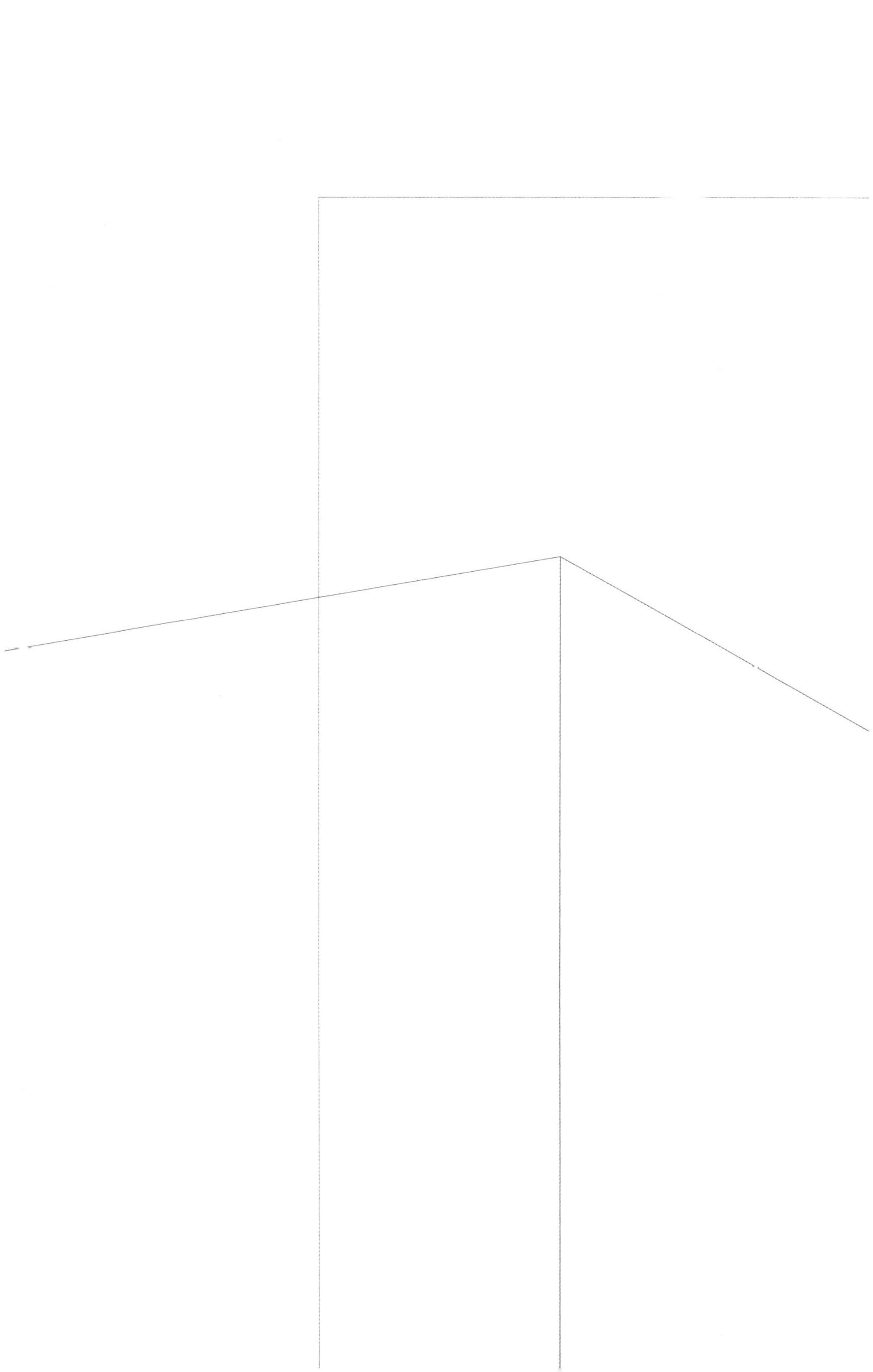

下篇

抽象关系

- 空间抽象关系及构成
- 场域建构
- 属性同类分配
- 元素对比
- 层次构成三者关系比较
- 寻求最大化关联性

五 空间抽象关系及构成

5-1 关于空间抽象关系

二次空间的终极使命，是提取出空间的抽象关系。
那么，何为空间抽象关系？

空间抽象关系是构成空间的逻辑秩序，对构成空间各要素起到组织分配的作用。

就室内设计而言，在二次空间的基础上，从场域到界面、从结构到陈设、从单域到多域、从光色到材质……针对空间各存在要素的有序组织与分配，抽象关系是空间逻辑建构的导则。

空间抽象关系形式多样。究其根本，可视为“层次”与“比例”的学问（见图 5-2-1）。

5-2 层次与比例

假如某个场地，突然搬来了一把椅子，于是，场地与

图5-2-1 锦江之星九亭淞沪路店。泓叶设计。
界面材质与明暗光线的层次对比，场所气息的整体控制

椅子便产生了关系。如果继续搬来第二把椅子，那么两把椅子同时与场地产生关系，并且两把椅子之间也将建立起新的关系。以此类推，可建立更多更复杂的关系，即空间抽象关系。

上述事例可见，一切抽象关系始于某种因素的介入，引起某种层次，产生某种对比。因此，“层次”首先是一种介入的因素。这种因素可以是场地因素、可以是造形因素、可以是色彩因素、可以是材质因素、可以是光影因素等；亦可以是方向、范式、虚实、动静、聚散等逻辑因素。

其次，“层次”又是空间中相同或者相近因素的提炼与整合，这种被提炼整合之后所产生的因素归类，便形成了层次。

认识“层次”，是理解抽象关系的物化基础，而对“层次”的发现求索是无限的，是视觉革命与认知进步的表现。发现新层次，就是找到设计的新大陆。

有“层次”就会产生对比，即层次与层次之间的关系；有对比就会产生“控制”，即各种介入因素的分寸平衡。如此对分寸感的平衡把握，就是一种“比例”的意识。比例的介入使层次组合能形成空间的气场与势能，并且在众多“层次”的分配组合中追求和谐统一，乃至层次最大化的整体性和归属性。

在此的“比例”，是指通常意义上包含狭义“尺度比”在内的，且汇集“密度”“彩度”“光度”“质量”等广义“元素比”为一体的概念集合，即“控制”。

“层次”与“比例”，构成了空间抽象关系的两极（参见图 5-2-2 ~图 5-2-5）。

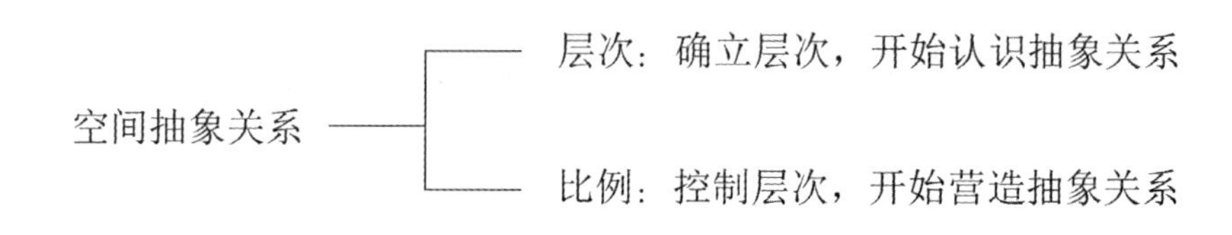

图5-2-2 简洁优雅的黑白层次，形成空间图底的比例控制，建立抽象关系

图5-2-3 光影的层次与山石草坡的质感层次有机组合，构成抽象关系

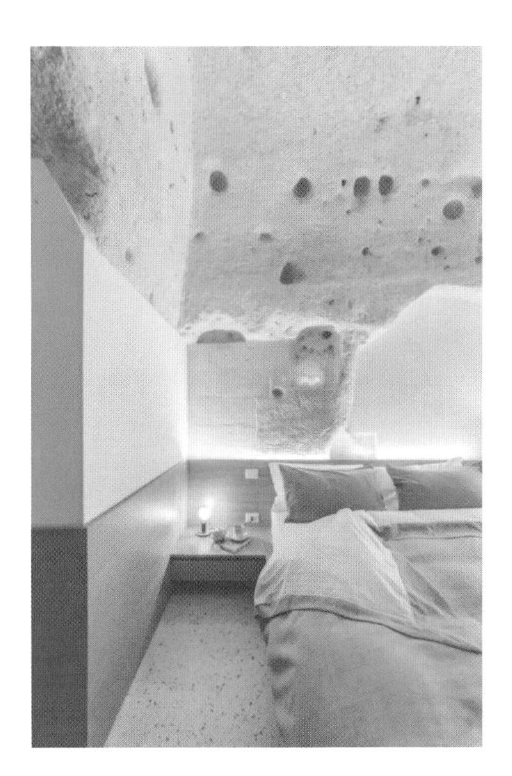

图5-2-4 材质肌理的层次、新旧时间的层次，被有序分割控制，形成抽象关系

图5-2-5 字体组合的层次、色彩的分配、排列比例的控制，形成抽象关系

5-3 抽象关系构成

层次的多样化，决定了空间抽象关系的多样性。

空间抽象关系，到底可分为哪几个层面呢?

梳理该问题，不是一件简单的事情。因为抽象关系是深藏在空间表象之下的一种逻辑秩序，而对空间的认识与感受，又是多层面的，并受制于空间表象的蒙蔽和先天性思维的局限。在此，艺术的魅力恰好又成为理解空间最杰出的障碍（参见第二章：空间认知的抽象性与复杂性）。

空间抽象关系的构成，基于对“层次”和“比例”的认识，可以大致将“层次”划分为如下三大方面。

首先，是“场域建构”的抽象关系，包括单域空间和多域空间，以及场域形式逻辑的构成；其次，是“属性同类分配”的抽象关系，包括空间构形与非形态因素的抽象关系；第三，是“元素对比”的抽象关系，包括视觉元素和非视觉元素的抽象关系。

三大方面均直抵空间层次建构的核心问题。但设计所侧重的阶段往往各有不同。

“场域建构”，通常存在建筑设计和景观设计阶段，有时也存在于室内设计阶段。主要以实体构筑的方式，解决空间形态的分割与围合，建立空间关系。

“属性同类分配”，通常存在于室内设计阶段，是室内设计营造空间关系的重要手段。主要采用以色彩分配为主，包括材质肌理等在内的非造形因素的层次梳理，通过各属性层次的分配整合，建立空间关系。

“元素对比”，同时存在于建筑设计与室内设计阶段，以两极对立的层次属性建构空间关系，是抽象关系最简单有力的处理方式。

现实中，三大层面时常交替在设计中出现，并可深入细化成不同的分项内容，在“比例”的平衡控制下，以最大化关联性，进行层次的同类合并，实现空间抽象关系的统一性组合（见表 1 空间抽象关系构成表）。

5-4 空间构形层次组合

“属性同类分配”是抽象关系的核心。从表 1 可见的“属性同类分配”中的“空间构形”一栏，如对“空间场域”（场）、“空间结构”（结）、“围合界面”（界）、“空间之物”（物）四大构形之间的关系，进行有序的组合排列，可获得更为清晰的空间逻辑关系，有助于打开设计思维的条理，呈现出更多空间组合的可能性。其中任意一条组合配置，都可物化出相应的形象效果。如果再综合非形态因素的参与，其空间抽象关系则更为丰富（见表 2 属性构形组合表）。本内容详见第七章：属性同类分配。

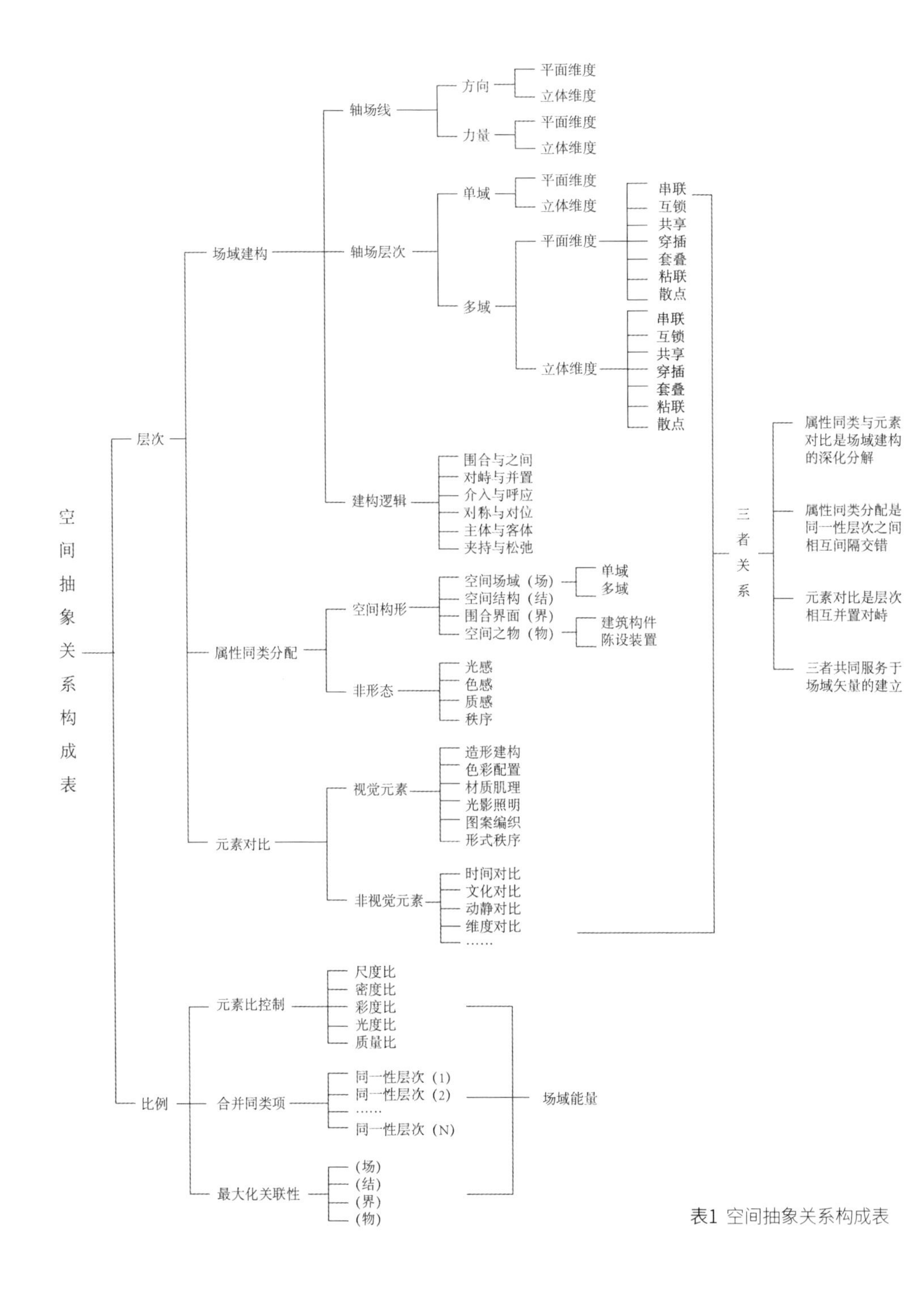

表1 空间抽象关系构成表

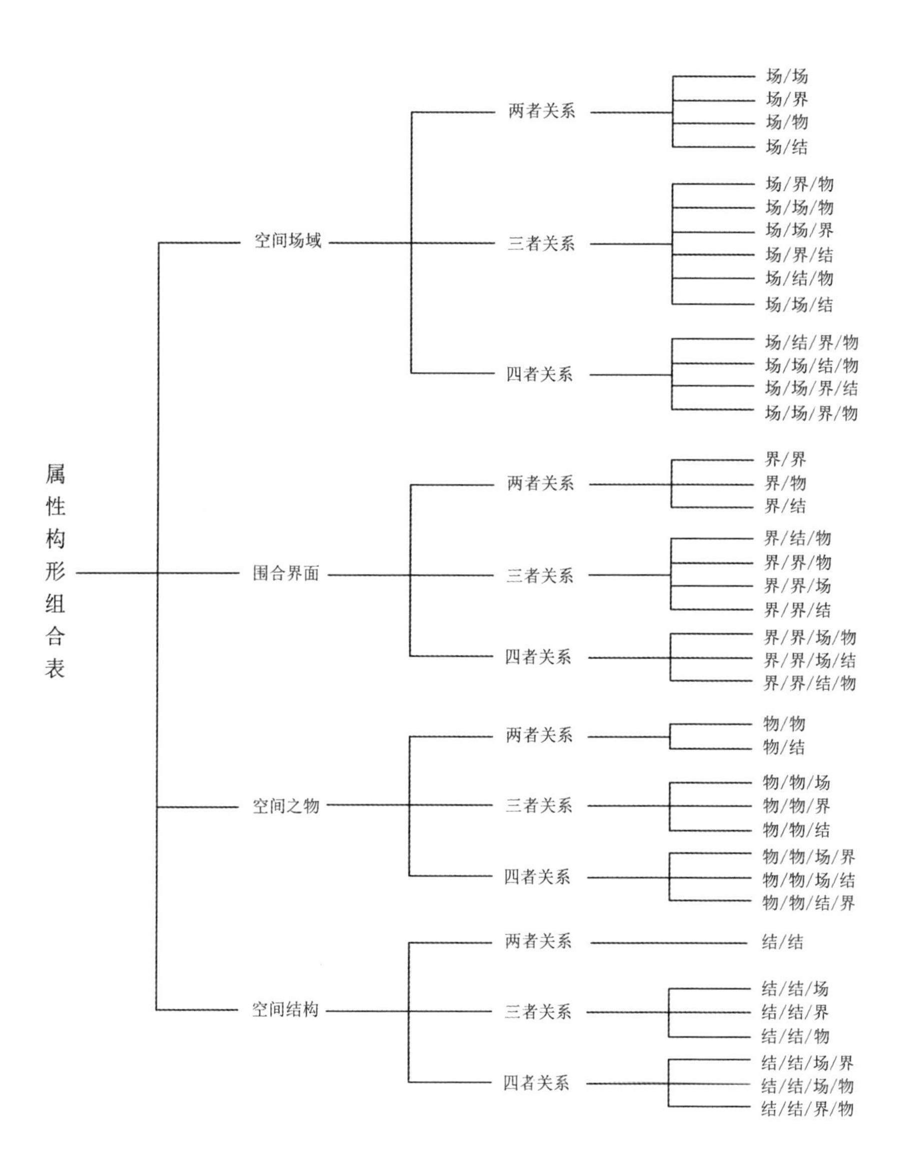
属性构形组合表
空间场域
两者关系
场/场
场/界
场/物
场/结
三者关系
场/界/物
场/场/物
场/场/界
场/界/结
场/结/物
场/场/结
四者关系
场/结/界/物
场/场/结/物
场/场/界/结
场/场/界/物
围合界面
两者关系
界/界
界/物
界/结
三者关系
界/结/物
界/界/物
界/界/场
界/界/结
四者关系
界/界/场/物
界/界/场/结
界/界/结/物
空间之物
两者关系
物/物
物/结
三者关系
物/物/场
物/物/界
物/物/结
四者关系
物/物/场/界
物/物/场/结
物/物/结/界
空间结构
两者关系
结/结
三者关系
结/结/场
结/结/界
结/结/物
四者关系
结/结/场/界
结/结/场/物
结/结/界/物

表2 属性构形组合表

六 场域建构

6-1 关于场域建构

所谓场域建构，就是对给定长、宽、高领域中的关系营造，包括领域内自身关系，或不同领域之间的关系。然而，对场域的建构，不单是长、宽、高类似物理意义的建构，更是一种心理意义上的感受建构。由于不同的空间形态、比例、光色、质感的相互作用，对场域的体验，时而开朗、时而压抑、时而愉悦、时而恐惧……并且语言文字对此的描述极为有限，依赖的是临场感。这种来自于场域的心理体验，是一股对空间势态的感受，表现为一种特殊的“力量”——能量场。

“场域”，通常指具备某种“引力”，抑或“推力”的能量场，在空间描述中，可理解为“聚合”与“通透”的空间关系，不论是“聚”还是“透”，都是求得方向上的力量。

因此，场域建构是一种力量与方向的建构。而描述这种力量与方向的能量，通常运用“轴场线”的概念。

6-1-1 轴场线

所谓“轴场线”，就是假想有一条反映场域能量的抽象线，按场域某一方向穿越，凝结该场域的能量范围，其轴场线本身具有“引力”或“推力”的特征，并获得场域能量，亦称“矢量”。

轴场线首先是场域方向的反映，按每一轴场方向，由连结轴场线两端的箭头表示，凝结在轴场线两侧的成排小箭头，表示场域线所承载的力量，或“引力”或“推力”，箭头的大小与线段延伸的长短，代表能量的大小（见图 6-1-1）。

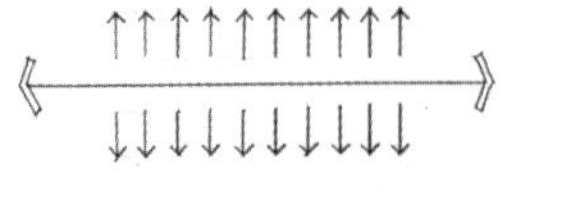

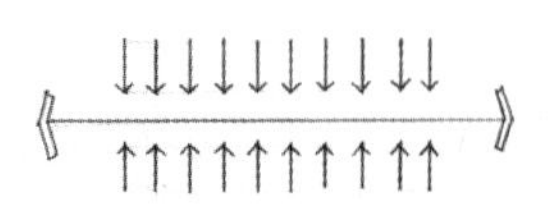

图6-1-1 轴场线

从场域中穿越的轴场线，其线在场域中的位置，体现该场域两侧能量平衡后的位置。如两侧场能对峙均等，轴场线则处于该场域的绝对中心位置，如位置偏向一方，说明轴场线两侧，场域能量有大小之别（见图 6−1−2、图 6−1−3）。

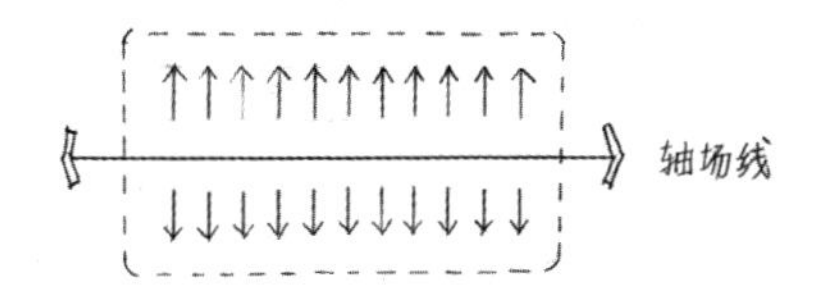

图6-1-2 场域与轴场线，场能均衡

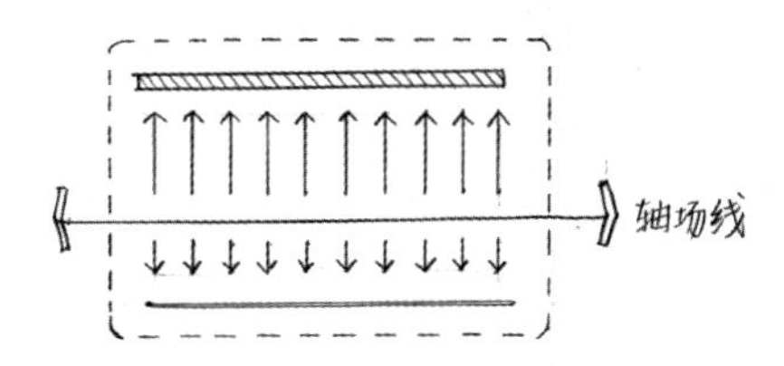

图6-1-3 场域与轴场线，场能有大小之别

场域能量是各种力量汇集平衡后的结果，俗称“气场”。“气场”可分为“引力”与“推力”“聚气”与“透气”两类。

“引力”就是轴场线位置受两侧物体的挤压而形成，场域的产生是因为“他主性”；“推力”则是轴场线所持的能量向两侧扩张，场域的产生是因为“自主性”。“自主性”空间在设计中往往成为主要的功能区域，而“他主性”空间则时常表现为过渡性空间或联系空间（见图 6-1-4、图 6-1-5）。

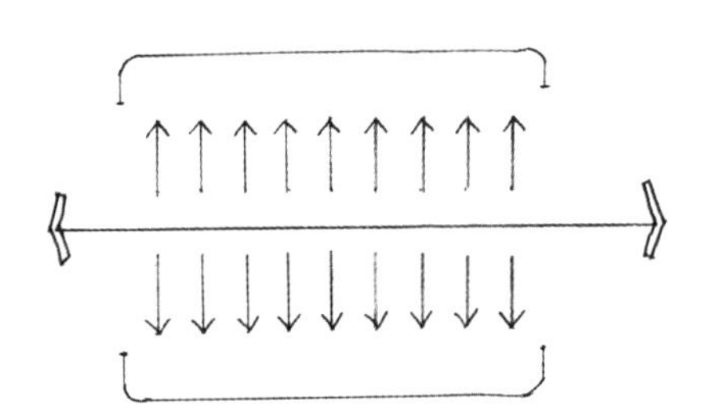

图6-1-4 中心向两侧扩张，场域获自主性

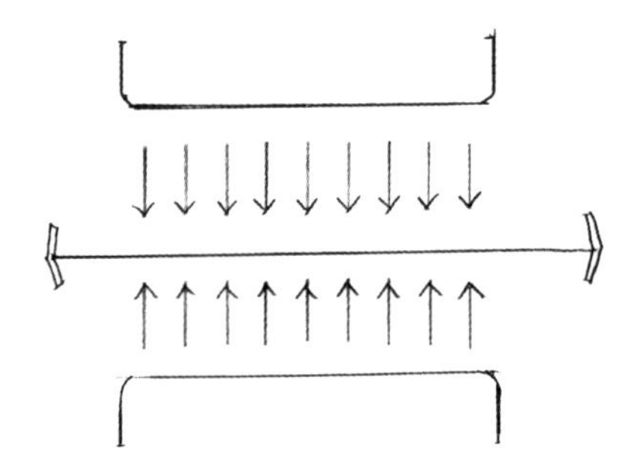

图6-1-5 中心受两侧挤压，场域获他主性

有一个场域，就有一个轴场表示。如果有若干个场域，即若干个轴场并存，就可带来若干个轴场线表示。若干个轴场线又将产生不同轴场线之间的对抗平衡，最终形成场能对峙平衡的交界线或交界带（见图 6-1-6）。并且平衡交界线（带）一般都作为空间设计中需被强调的对象处理，通常在设计中会做出相对应的物化表达（见图 6-1-7）。

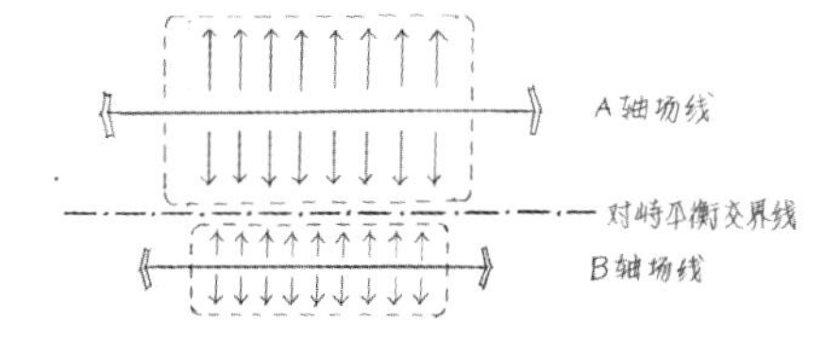

图6-1-6 A轴场线场能大于B轴场线场能。A、B轴场线之间形成两场域对峙平衡交界线（带）

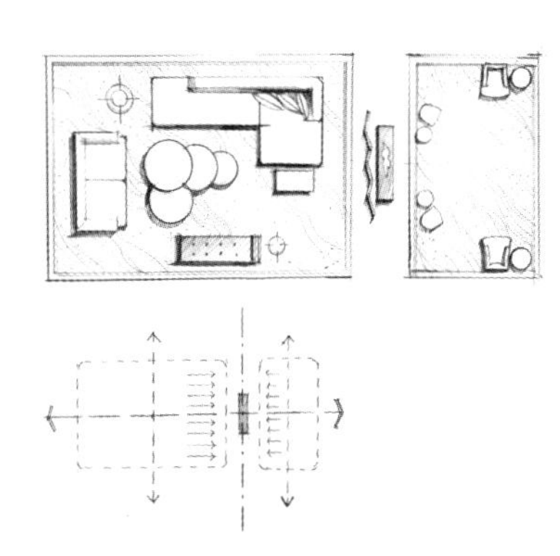

图6-1-7 左右两侧场域之间所设计的条桌与围屏，就是对峙平衡交界（带）上的标志物

6-1-2 轴场线群与能量场

以单个轴场线所示的场域能量，仅仅是一种理想化的基础状态。事实上，多个轴场线共筑的轴场线群，才是最常见的场域面貌，并构成了空间的能量场。

通常，某些场景，不论是自然景观还是人造场所，会使人体会到一股潜在的能量，抑或说是气场。那么，场域能量究竟为何物？它又是怎么形成的呢？

简而言之，场域能量就是存在于场域中的多股力量，在方向与大小上形成交汇，构成场域的对比冲突，且交汇冲突的各方，在相遇时产生能量，形成最终的平衡与合力，出现场域新的秩序关系，即“能量场”。如此，反映在轴场线的表述上，就是原本来自不同方向角度的轴场线，因碰撞导致了“轴场线群”的诞生（见图 6-1-8）。

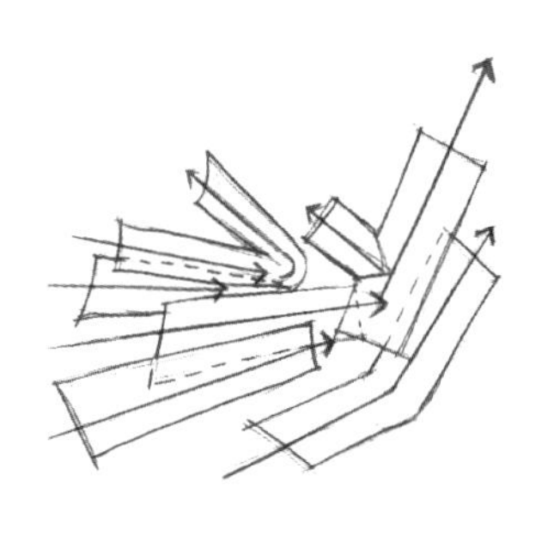

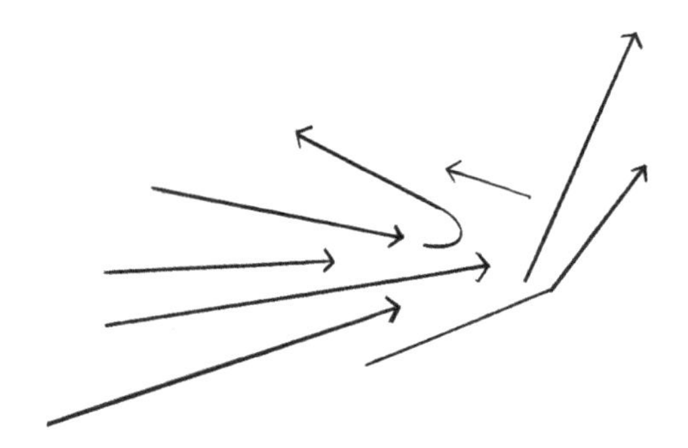

图6-1-8 轴场线群与场域能量

打一比方：能量场有如各条支流，在一个区域范围内相互汇合，相汇的各支流在冲撞后瞬间获得力量的平衡，形成新的势能与合力。

假如各矛盾冲突的力量，无法构成新秩序的平衡统一，那么诸多的对抗，亦只能是一片散沙，彼此抵消，最终无法形成空间的能量场。反映在轴场线上，亦就是一群无序散乱的局部箭头，无法聚合成具有秩序的态势。

所以能量场是一股完整的气场，又称空间态势。其间的力量彼此相互映衬，集结为一个整体态势，形成“轴场线群”，使矛盾平衡后的能量获得新的秩序。

但凡一眼望去，就明显富有感染力的场域，不论是自然景观还是人造环境，究其空间，都具备场域态势。

如下引用一组空间，来解析空间能量的态势。所运用的绘图分析方式，尽量回避具象形象的出现，以说明场域力量与方向之间的对抗平衡，旨在帮助理解如下每一空间的抽象关系。所选用的空间类型包括自然地貌、城市街景、风景园林、建筑内外等（见图 6-1-9 ～图 6-1-13 实景分析）

实景分析（一）

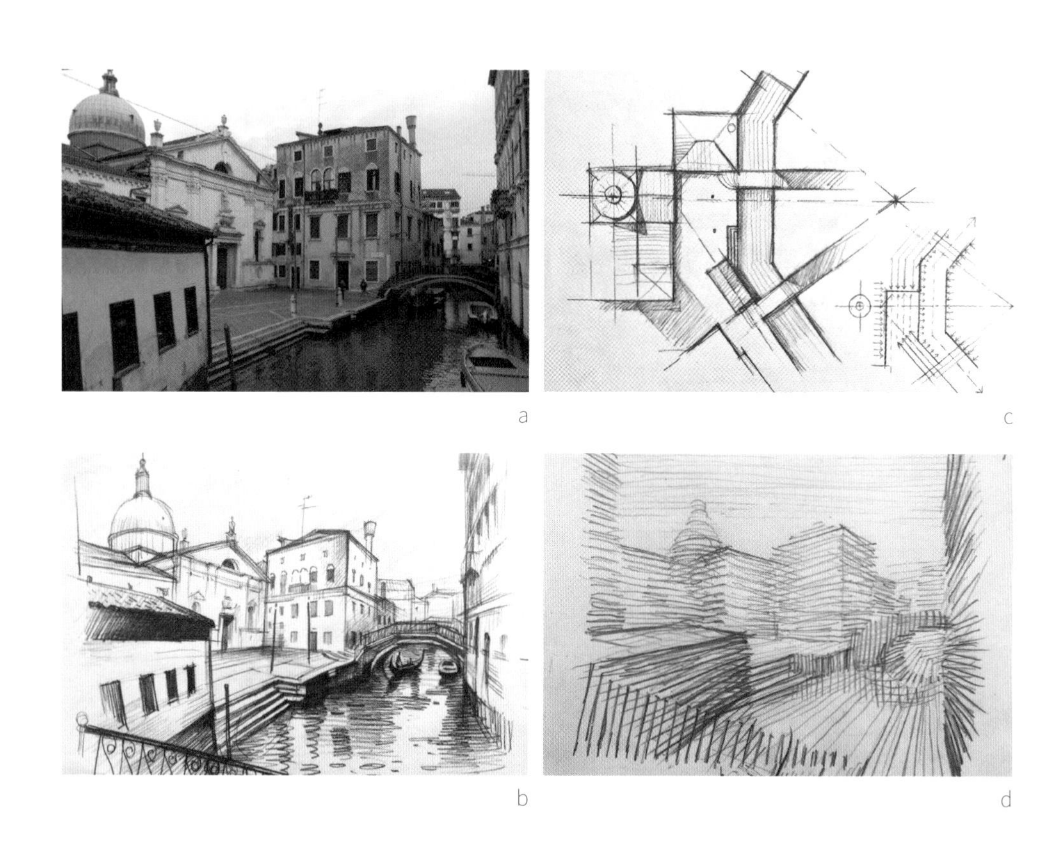

图6-1-9 威尼斯街景 a. 现场照片 b. 空间结构 c. 平面态势 d. 立体态势

街景一角，空间平朴生动。河道两岸互为对峙，转折流动，呈夹持之势；建筑形态渐次叠落，成角介入，构成力量对比，与河岸转折同构。空间态势充满张力，反向对撞，中心平衡，合并成统一的空间能量场。

实景分析（二）

图6-1-10 自然山脉 a. 现场照片 b. 空间结构 c. 平面态势 d. 立体态势

照片摄于希腊伯罗奔尼撒群山半岛。途中不经意的一瞥，顿感山势聚气，平凡的地景呈现出交插、升起、回转、奔腾、高扬的空间态势，彼此不同方向的力量汇合为整体的场地合力，空间充满能量。

实景分析（三）

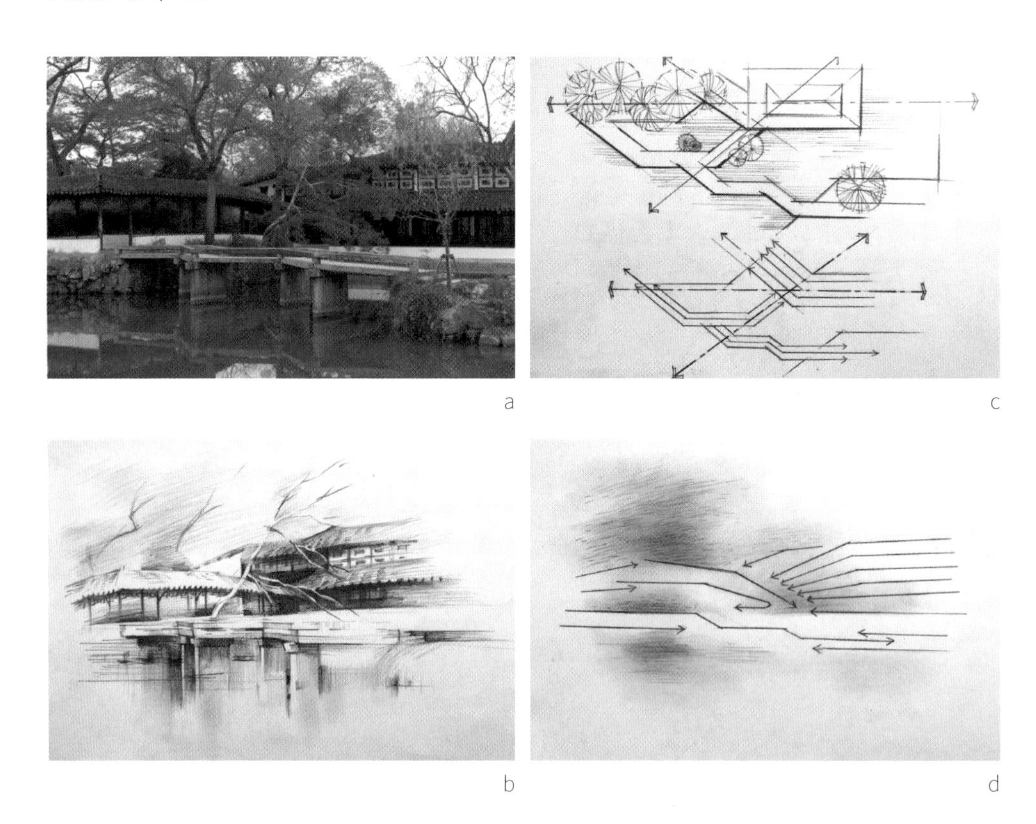

图6-1-11 苏州拙政园 a. 现场照片 b. 空间结构 c. 平面态势 d. 立体态势

典型的传统江南园林，没有几何秩序的井然，但有气韵生动的场所。构筑物之间互为成角穿流、斗心交汇；路径起伏蜿蜒、曲折迂回；又与自然枝叶、静水碧潭形成虚实对比；刚柔反差，使万物和谐一统，集天地之气，将来自不同方向的空间力量合成整体场所的能量场。

实景分析（四）

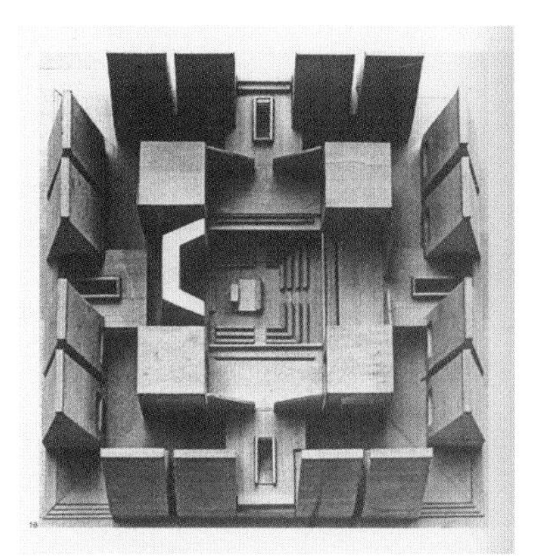
a

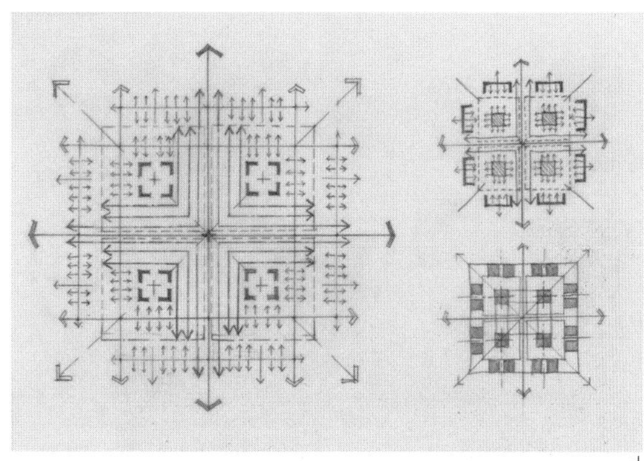
d

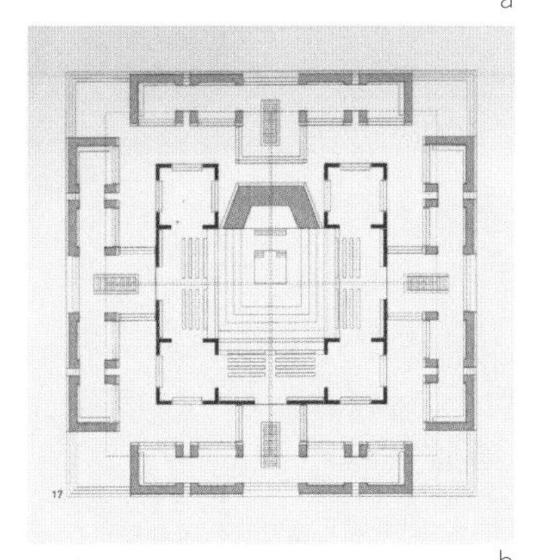
b

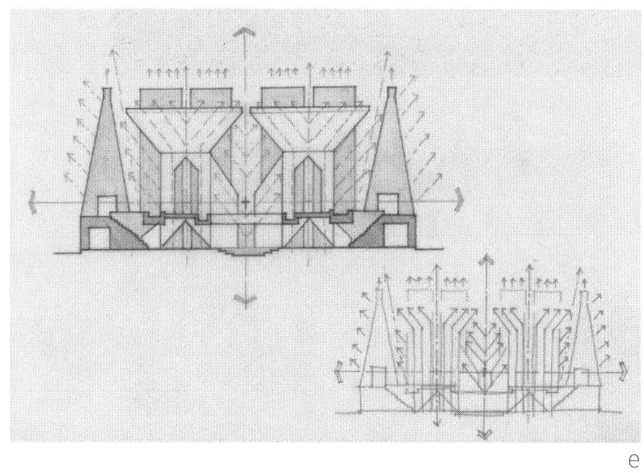
e

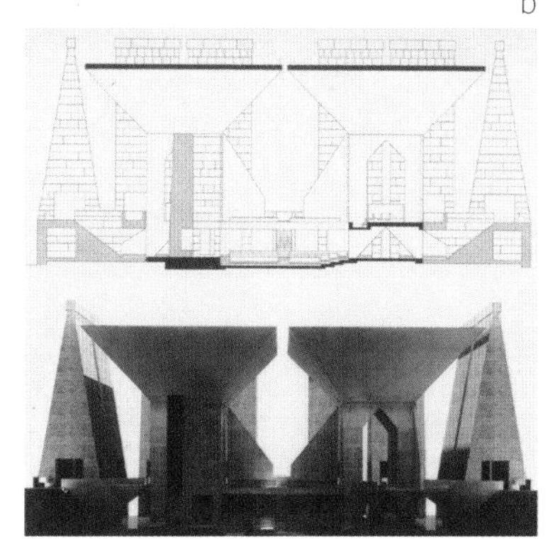
c

图6-1-12 耶路撒冷胡瓦犹太会堂（Hurva Synagogue）
建筑设计：路易斯·康
a. 建筑模型 b. 建筑平面 c. 建筑剖面 d. 平面态势 e. 剖面态势

坐落于三教圣地的耶路撒冷胡瓦教堂，是路易斯•康未完之伟大作品。空间布局方正有力，16座石塔包围中央的大厅，空间层层围合，层层通透；主次层次，秩序严谨，四座内部石塔，形成十字穿越，米字交集的态势，并在顶部形成十字空隙；立面造型，升腾昂扬，刺破十字天际，气韵四溢。建筑空间，气场震撼。

实景分析（五）

a

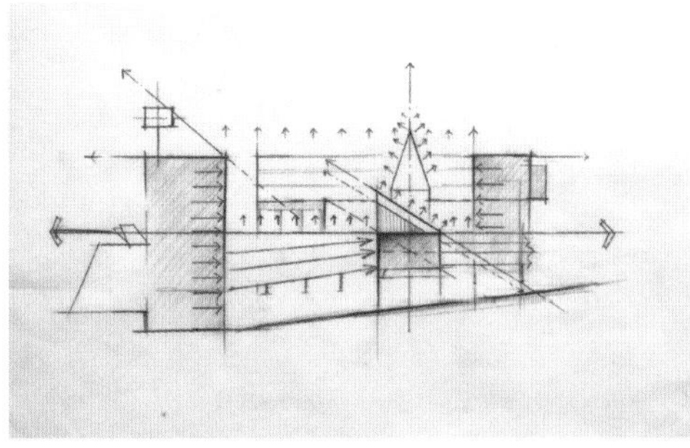

c

b

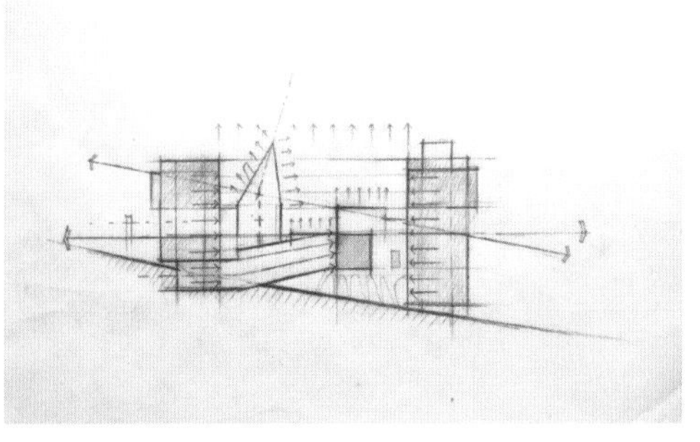

d

图6-1-13 法国拉图雷特修道院 (Convent of La Tourette) 建筑设计：勒·柯布西耶
a. 现场照片 b. 空间结构 c. 剖面态势 d. 横剖态势

修道院建于一片开阔的山坡上，一组建筑围合成向天开口的大型矩状院落。矩状平面内纵横分割，围中见围，层层套叠，层次丰富。设计顺应山坡斜面，在建筑中引入斜向有力线，与整体建筑水平围合线构成对比，营造出场所若干视觉兴奋点，且斜向线同时贯彻于整体建筑立面两端的对角连线，保持与坡地平行。被围合的空间开口，伴随不同方向的斜向有力线，汇成向天升昂的态势，空间充满气势。

通过上述实例的现场感受与描述，分析空间态势，凭借时间维度的介入与感官的综合感知，最终使空间态势体现为一种对环境的心理体验。

6-1-3 单域与多域

场域建构，可以是单域，也可以是多域。

单域，即单体空间所构成的场域能量；多域，即多空间组合之间的场域能量。

场域建构，在向度（维度）上，可以是平面维度，也可以是立体维度。

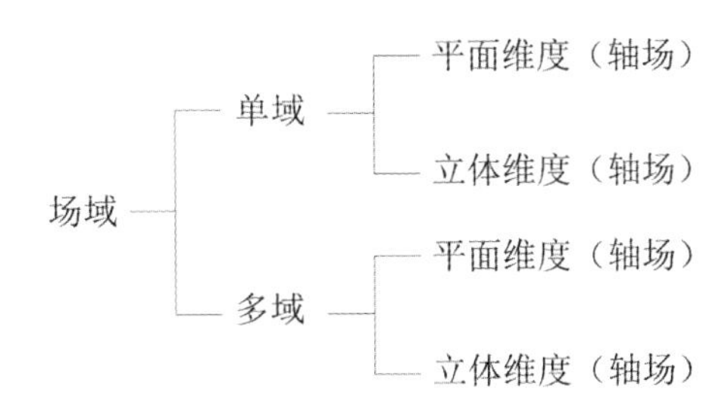

相比之下，单域的建构，对空间“引力”与“推力”以及空间轴场线的确立，将显得更为基础，亦更具限定。因此，单域建构是场域关系的基础建构。

场域建构中所述的平面维度和立体维度，是特指存在于轴场线建构方向上的维度变化：到底是存在于平面维度的变化中，还是从平面维度进一步发展到立体维度的发展中，关键是看变量因素主要存在于哪个维度方向上的追求，即向度意识。参见第三章：空间向度与选型。

6-1-4 单域空间的轴场建构

a. 轴场与方向

轴场的建立，产生场域的方向与力量，即特定场域感的形成。

以单域为基础，轴场与方向可分为“纵横经纬”“成角相交”“中心聚射”三种类型。单域场域中，可同时存在主次或若干细化分解之后的轴场关系，产生轴场方向上的层次对比（见图 6-1-14 轴场与方向）。

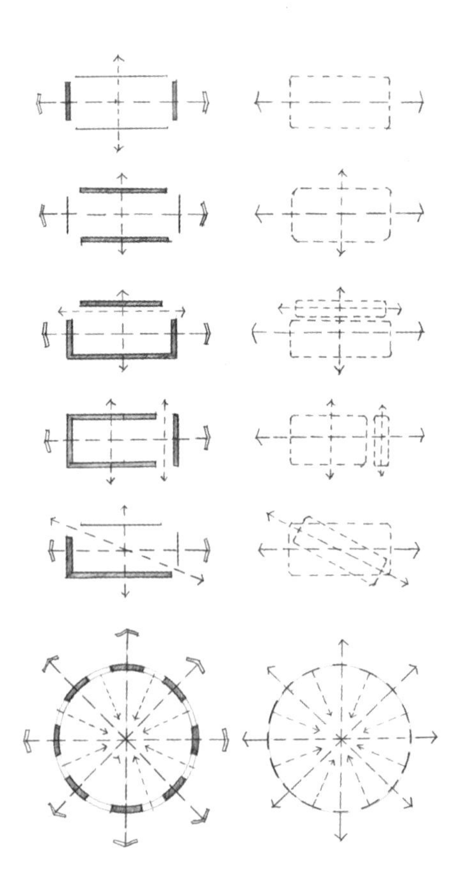

图6-1-14 轴场与方向

b. 轴场与层次（平面维度）

在单域空间内，通往“主次”“错落”“开口”“成角”“叠合”等处理手法，形成与主轴线相对比的次轴线，构成了单域空间的多轴变化，产生出场域层次。

以最简单的方盒形场域为例（见图 6-1-15 轴场与层次、平面维度）。

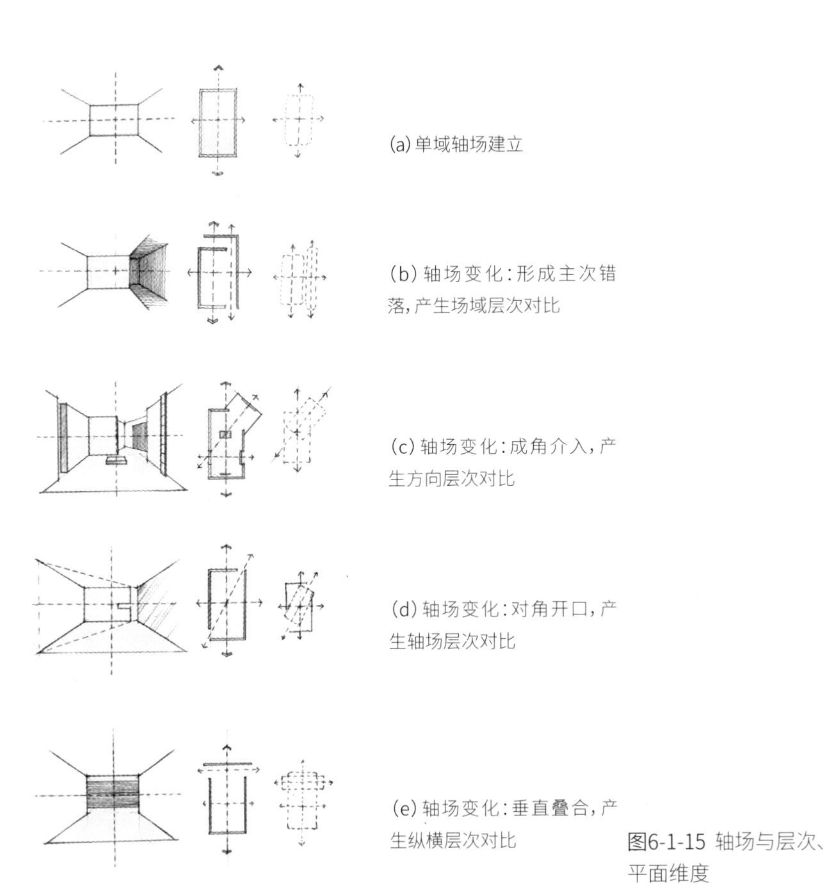

图6-1-15 轴场与层次、平面维度

c. 轴场与层次（立体维度）

轴场线除平面维度的建构，同样具备立体维度的轴场变化。通常采取“顶角切口”“地角切口”“成角介入”“套叠介入”“主次错落”等手段，进一步丰富场域的方向与层次变化，对平面维度的轴场起到立体向度的补充提升作用，形成与立体维度轴线相对比的多层次对比关系。

再次以方盒场域为例（见图 6-1-16 轴场与层次、立体维度）。

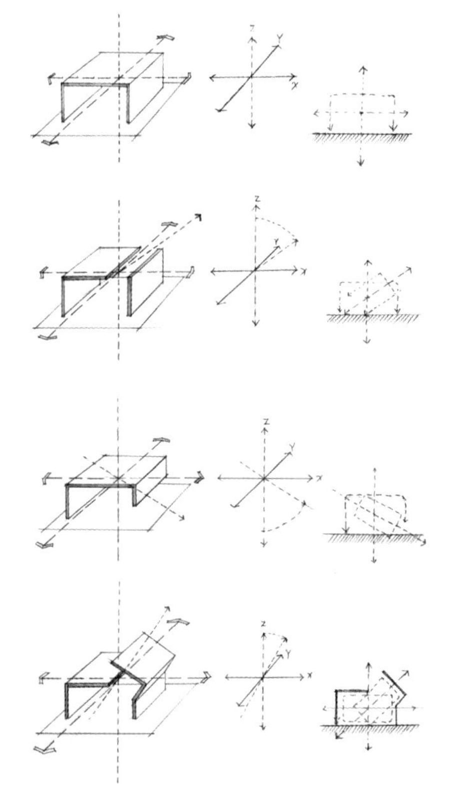

(a) 假设有一单域矩状场域，纵横轴场平面展开，在此基础上，介入立体维度的轴场变化如下

(b) 顶角切口，增加立体维度的轴场变化，与平面维度的轴场相对比，引入维度层次

(c) 地角切口，增加立体维度的轴场变化，与平面维度的轴场相对比，引入维度层次

(d) 成角介入，增加立体维度的轴场变化，与平面维度的轴场相对比，引入维度层次

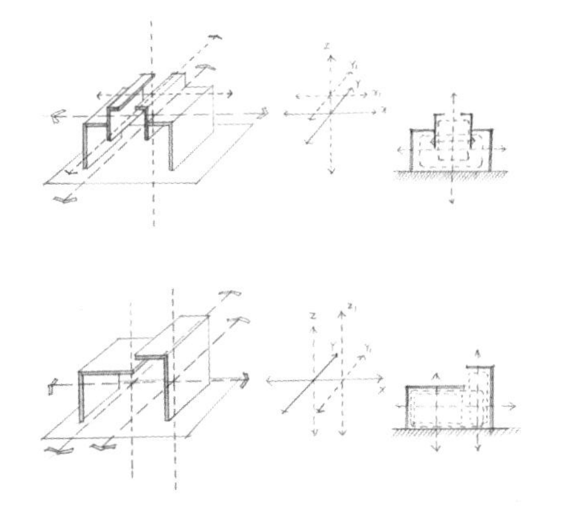

(e) 套叠介入，增加立体维度的轴场变化，形成两套纵横轴场关系，引入维度层次

(f) 主次错落，增加平面、立体维度的轴场变化，形成两套纵横轴场对峙，引入维度层次

图6-1-16 轴场与层次、立体维度

6-1-5 多域空间的轴场建构

单域空间中的多轴场线，已经开始了多域的倾向，所不同的是各轴场形成的多域感和独立性相对模糊。

而此多域空间，系指彼此相对独立的各个场域关系，在空间组合中所集合建立起来的更大范围的轴场逻辑。

因而，轴场与方向和轴场与层次，同样是多域空间组合的基础原则，并在平面维度、立体维度中同时展开。

多域空间，通常都作为较大空间范围的关系营造，设计中也更偏向于建筑设计阶段。常见手法有：“串联”“共享”“互锁”“套叠”“粘连”“散点”等方式。

a. 线性串联：空间按一定方向线性组合，形成节奏与层次。如再以不同色调、材质等手段强调，则层次关系更加明显。在串联空间中，站在轴场线的位置，前一空间将成为下一空间的画框（见图 6-1-17 串联空间）。串联的形式有许多，通常为直线型串联，进而可细分为“直串”“内廊”“外廊”等（见图 6-1-18、图 6-1-19 串联方式）。除直线型串联形式外，还有立体维度的盘旋式串联（见图 6-1-20 盘旋式串联）。

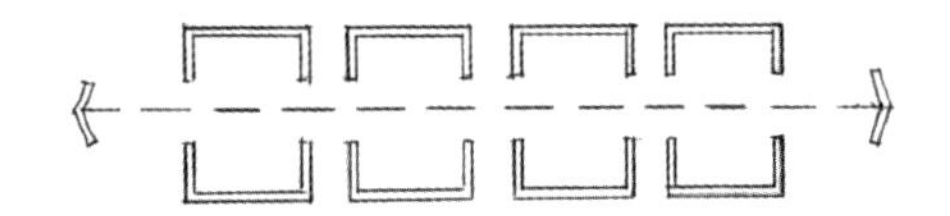

(a) 串联空间，形成场域层次

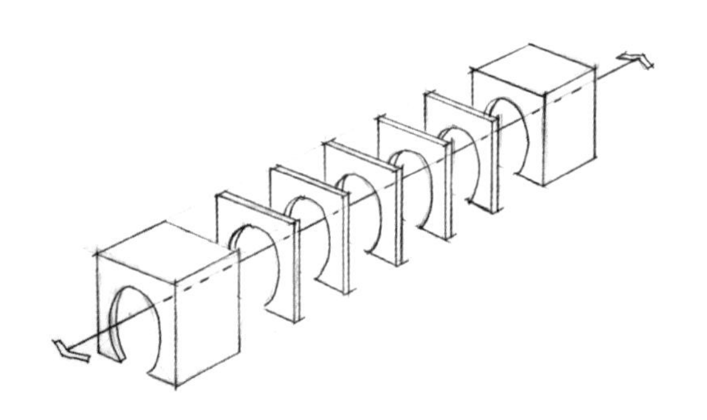

(b) 串联空间，前一空间成为下一空间的画框

图6-1-17 串联空间

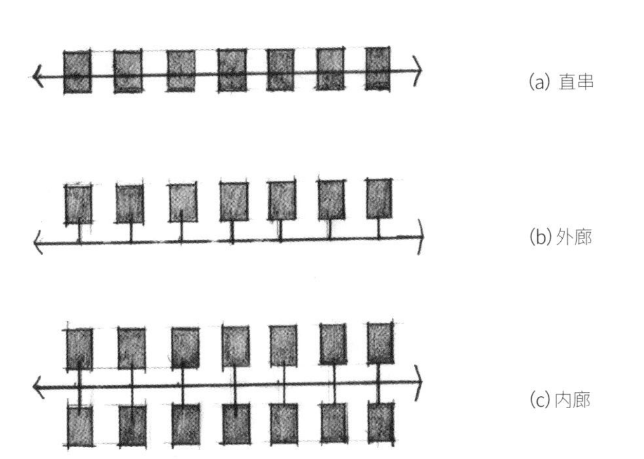

图6-1-18 直线型串联方式

图6-1-19 直串式空间
马尔代夫白马庄园
米西尔·咖蒂设计

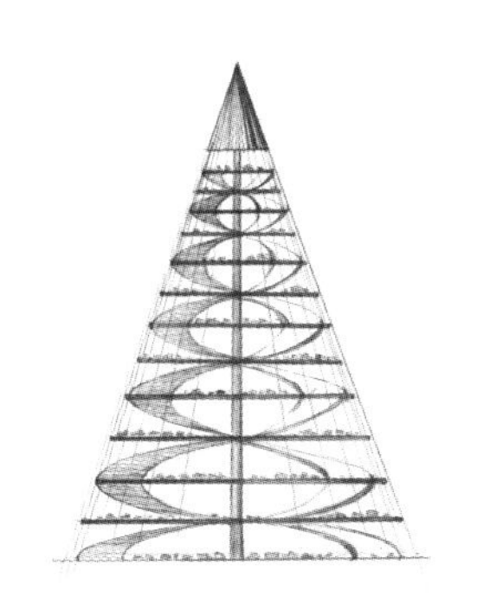

图6-1-20 盘旋式串联立体维度的空间变换。概念源于"四维塔形停车场"方案。1928年，理查德·巴克敏斯特·富勒设计

b. 共享空间：空间自身作为一个独立性区域，被相邻空间包围相连，成为各相邻区域的重要共享部分，并形成相对完整的中心式空间（见图6-1-21 共享空间）。

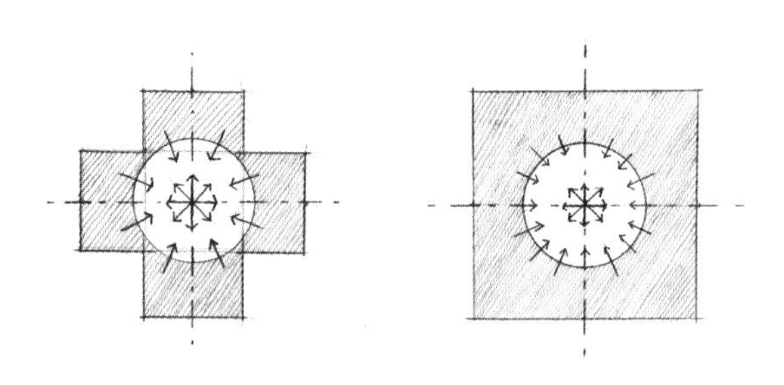

(a) 共享空间，与邻接空间相连，形成中心区域

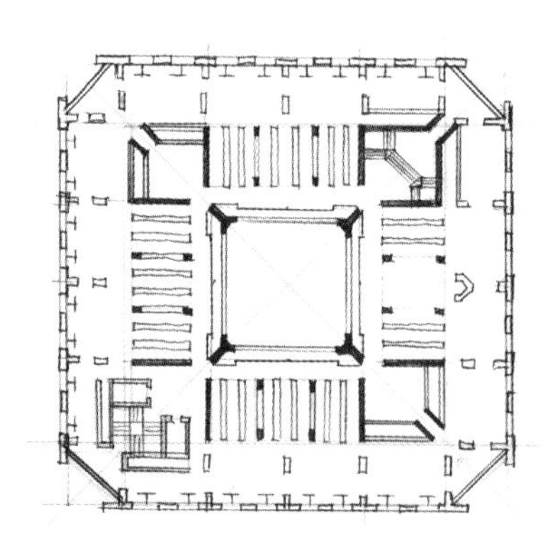

(b) 菲利普斯•埃克塞特学院图书馆，路易•康设计。“回”字形平面的中央方庭，形成共享空间

图6-1-21 共享空间

共享空间的形式多样，可细分为“聚中式”“单向式”“对向式”“垂直式”。其中，“垂直式”是共享空间中最重要、也是最具魅力的建构方式（见图 6-1-22 ~图 6-1-24 ）。

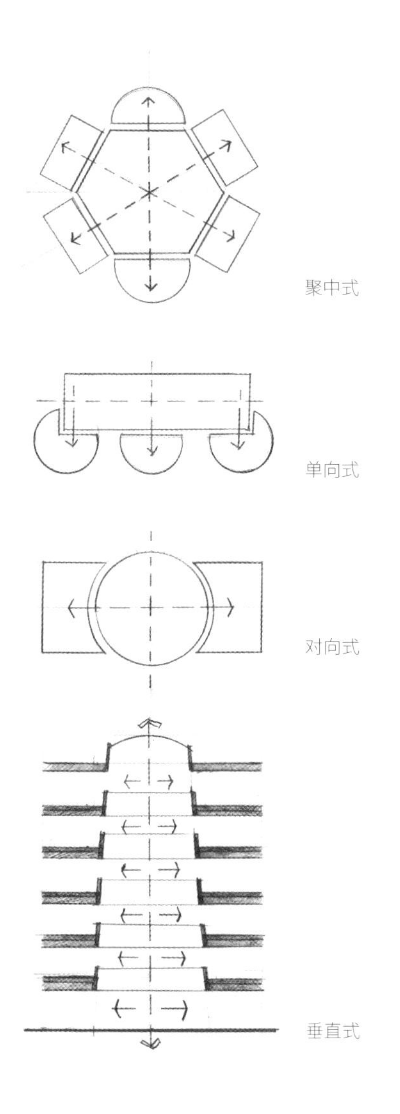

图6-1-22 共享形式

图6-1-23 单向式共享空间

图6-1-24 垂直式共享空间

c. 互锁穿插：空间相互交汇重叠，构成公共区域，但彼此重叠后仍然保持原各自区域的边界与形态特征（见图 6–1–25 互锁空间）。

如将互锁进一步发展，出现更多的空间相互重叠，则构成更多的层次变化与穿插关系（见图 6–1–26 多重互锁、图 6–1–27）。

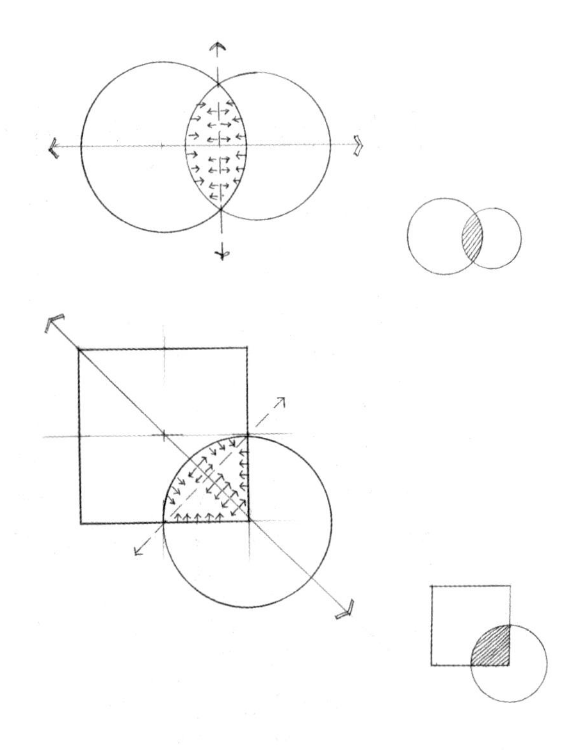

图6-1-25 互锁空间

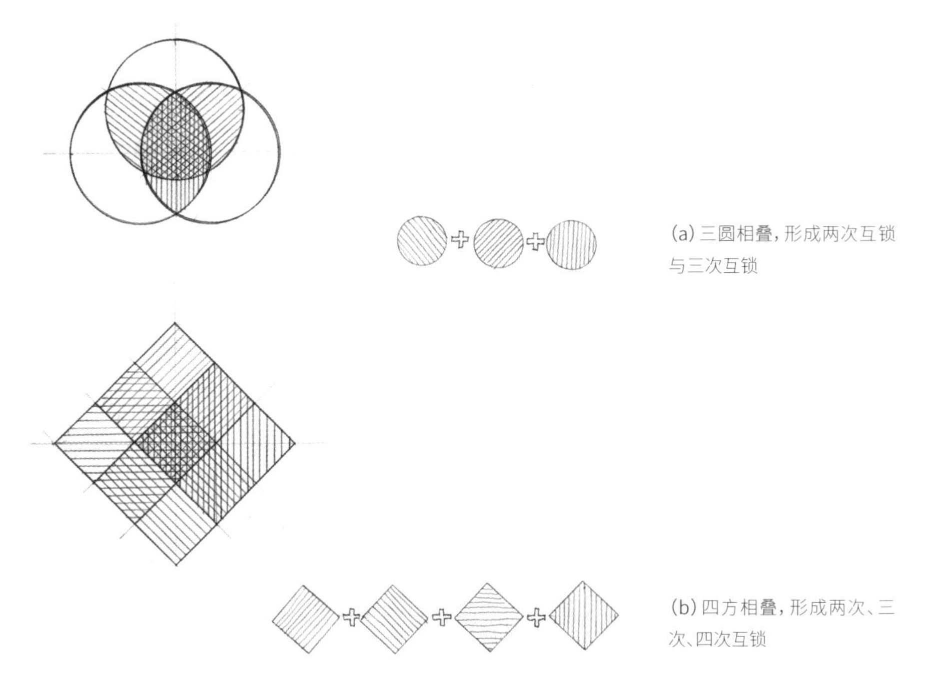

(a) 三圆相叠，形成两次互锁与三次互锁

(b) 四方相叠，形成两次、三次、四次互锁

图6-1-26 多重互锁

图6-1-27 互锁空间

多重互锁的叠合现象，还存在于流动空间的穿插流变中，使场域之间自由开放，层次丰富（见图 6-1-28、图 6-1-29 多重互锁、穿插流变）。

图6-1-28 多重互锁、穿插流变

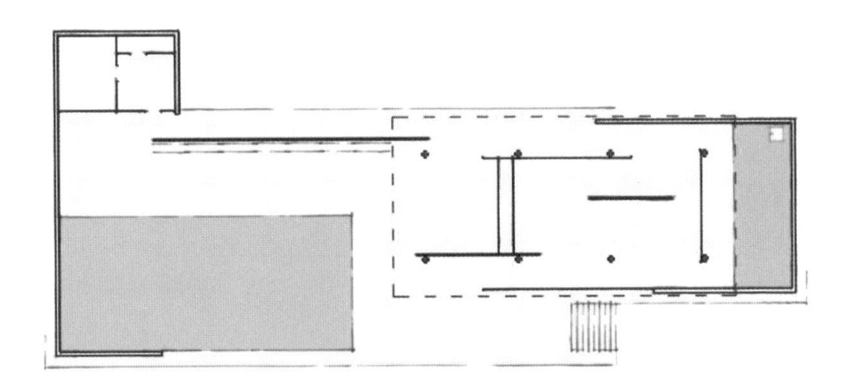

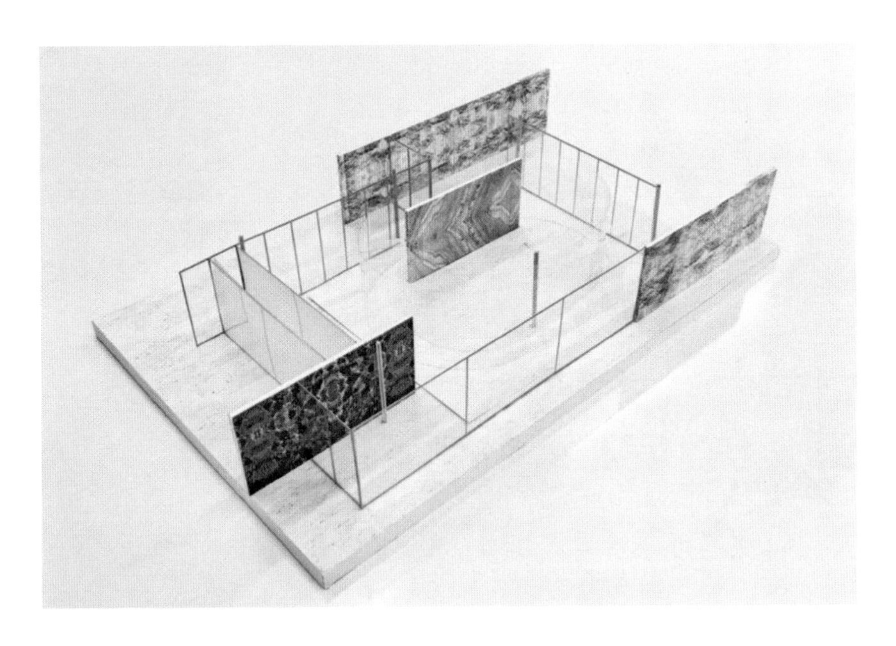

图6-1-29 巴塞罗那德国馆
密斯特·凡·德罗设计
多重互锁、穿插流变

d. 母子套叠：大空间中套置独立小空间，又称“母子空间”。时常将大空间作为背景，采用虚化处理，弱化场域边界，形成“图底空间”关系，呈现“拼贴”构成。套叠空间可以是连环式的套中套，亦可以是若干子空间在母空间中的并置套（见图 6-1-30 套叠空间）。

套叠空间，同样常见于立体维度中（见图 6-1-31 日本仙台媒体中心，伊东丰雄设计）。

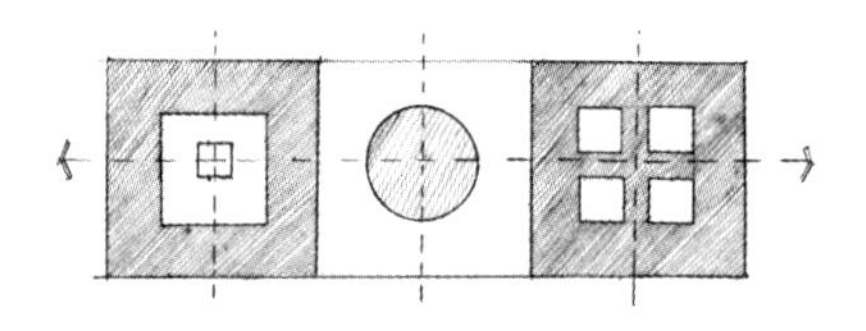

(a) 大空间中包容小空间，小空间相对独立，与大空间形成图底关系

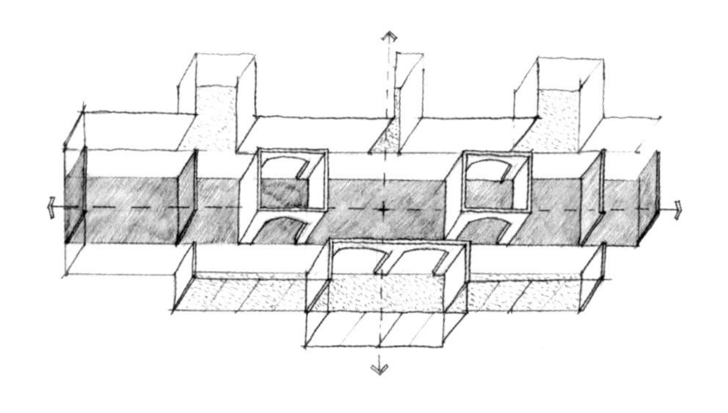

(b) 都城达华经典酒店，首层空间平面维度并置套

图6-1-30 套叠空间

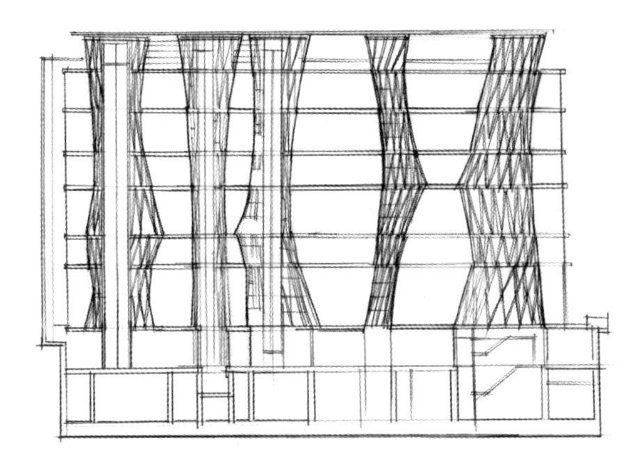

图6-1-31 立体维度、套叠空间。仙台媒体中心，伊东丰雄设计

e. 粘连聚集：空间组合呈群聚状的空间，彼此相互粘贴。通常分两种情况：其一，编织粘连、成角组合，在有序中表现无序，无序中体现有序；其二，打破规则的编织感，呈现出更加自由、扭动的自由粘连形式，总体轴场有时被局部场域解构，形成新的平衡（见图 6-1-32 编织粘连、图 6-1-33 ～图 6-1-35 自由粘连）。

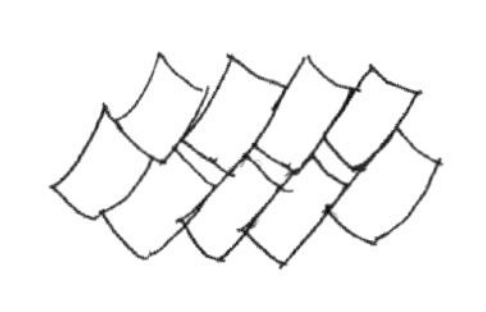

(a) 编织粘连

(b) 集群粘连，自由编织

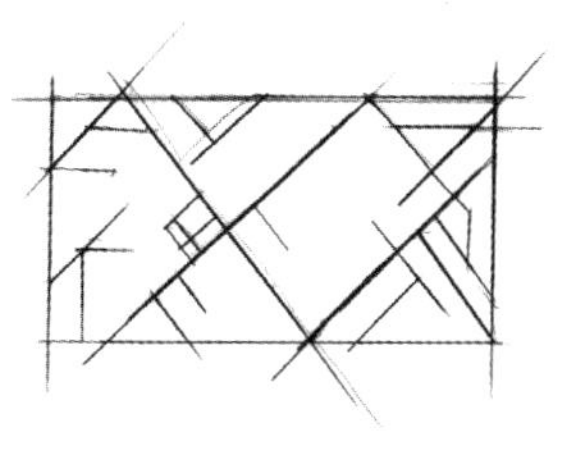

(c) 成角相连，自由组合

图6-1-32 编织粘连

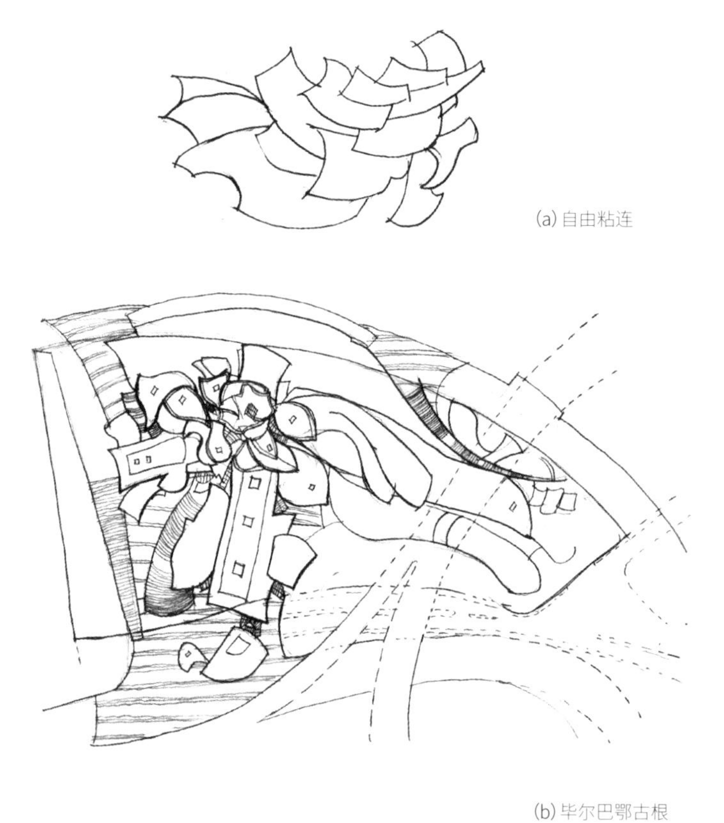

(a) 自由粘连

(b) 毕尔巴鄂古根海姆博物馆

图6-1-33 自由粘连

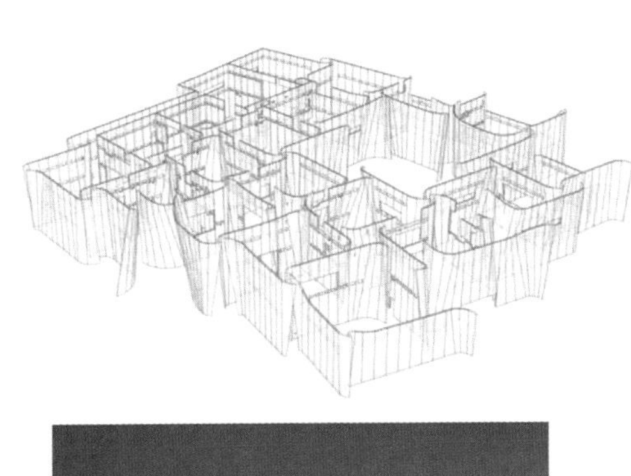

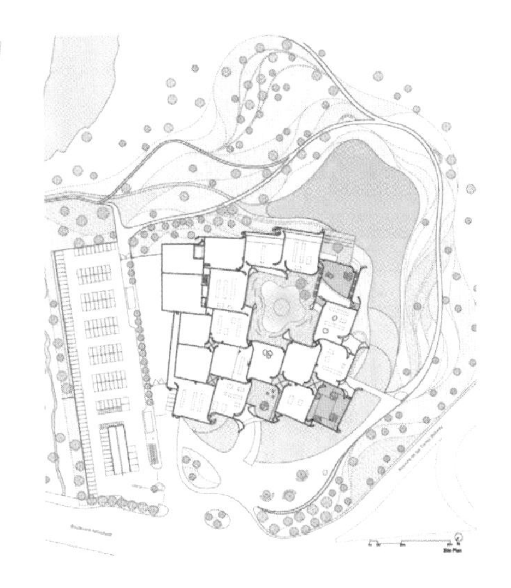

图6-1-34 墨西哥巴洛克文化艺术博物馆，伊东丰雄设计

图6-1-35 巴黎路易威登艺术基金中心，弗兰·盖里设计

f. 散点矩阵：若干独立的单体空间以散点式矩阵排列，散点分布可以呈自由阵列、相互交插；也可以按几何秩序，纵横组合。此类形式一般见诸于建筑群落的布局（见图 6-1-36 ~图 6-1-38 散点矩阵）。

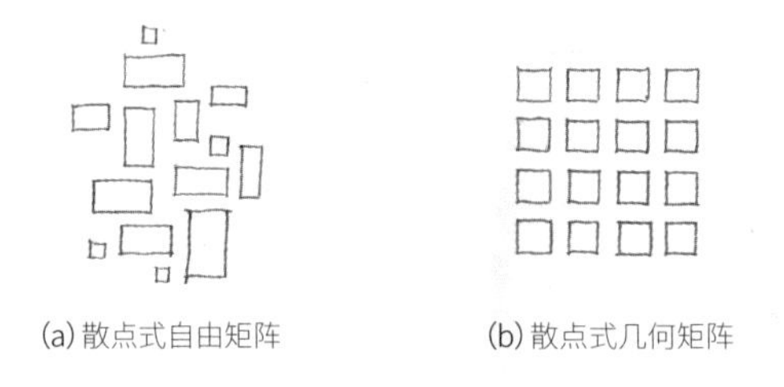

(a) 散点式自由矩阵　　(b) 散点式几何矩阵

图6-1-36 散点矩阵

图6-1-37 路德维希•卡尔•希伯赛默著的《大城市的建筑》一书，虚构了一幅宏大城市的规划画面，强调纵横交错的网格式布局，建筑外观整齐划一，同时强化透视进深，营造建筑与街道无限伸延的感觉，城市空间呈散点几何矩阵

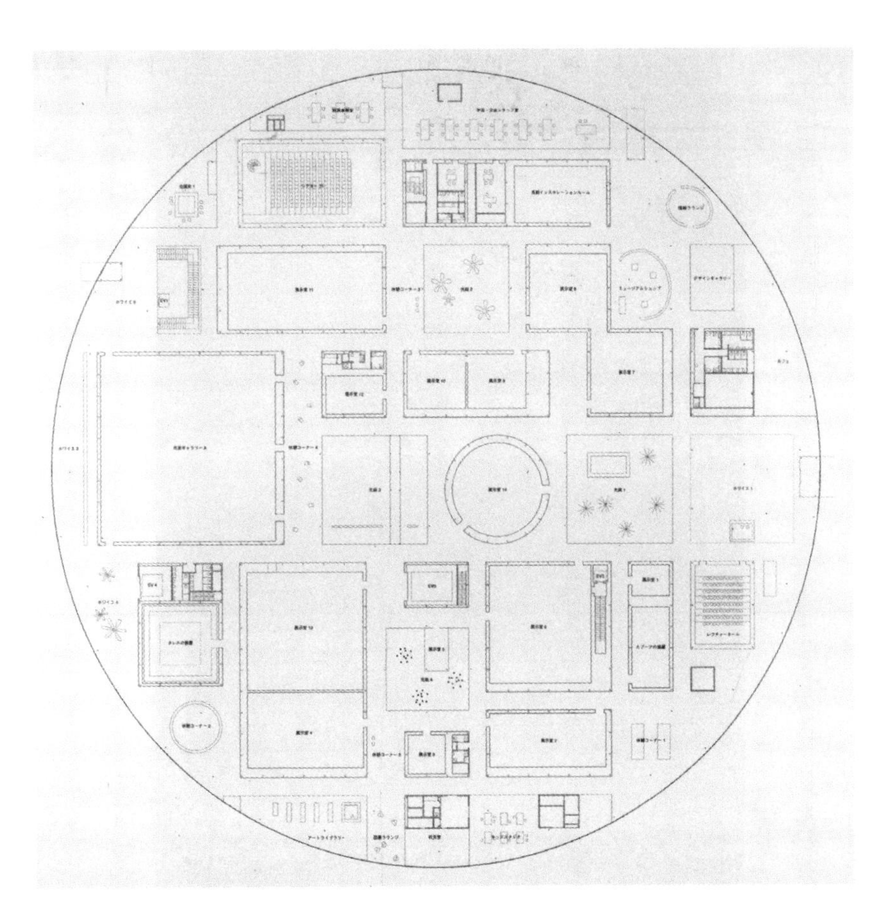

图6-1-38 金泽21世纪当代美术馆，妹岛和世与西泽立卫设计。一个以玻璃为外观的圆形建筑，消除了建筑室内与室外景观的界限，并置有多个入口，以此对传统美术馆空间等级化秩序提出反思，整体空间设计呈散点自由矩阵

多域组合中，上述每一种手法均有平面维度与立体维度的变化，若同时综合平面、立体维度的因素，空间的轴场层次将更加丰富。随着对空间研究的推进，将诞生更多样、更高级的场域建构形式（见图 6-1-39 平面、立体维度的多域组合）。

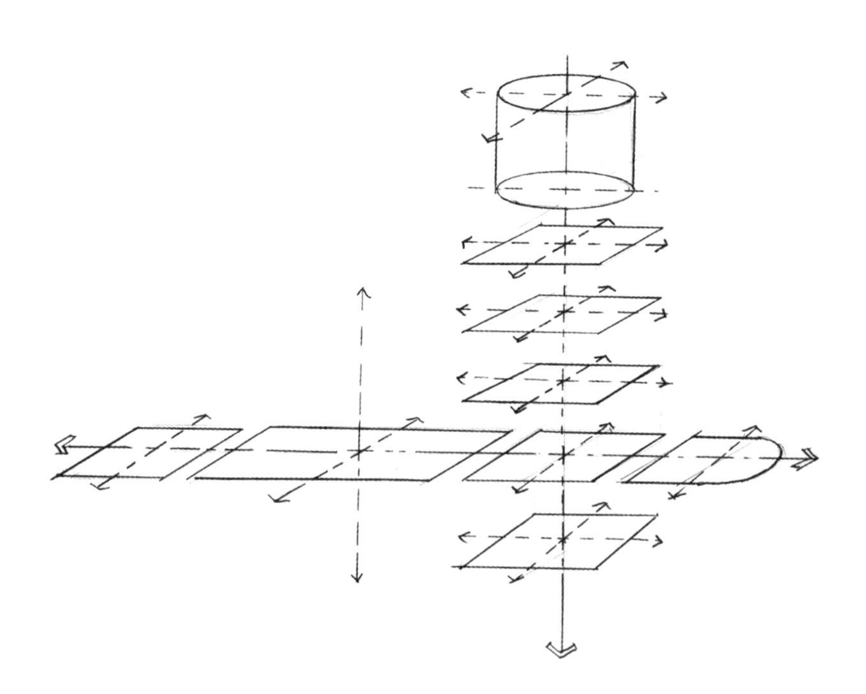

图6-1-39 平面、立体维度的多域组合

总结多域组合方式，以平面维度为例，见图 6-1-40。

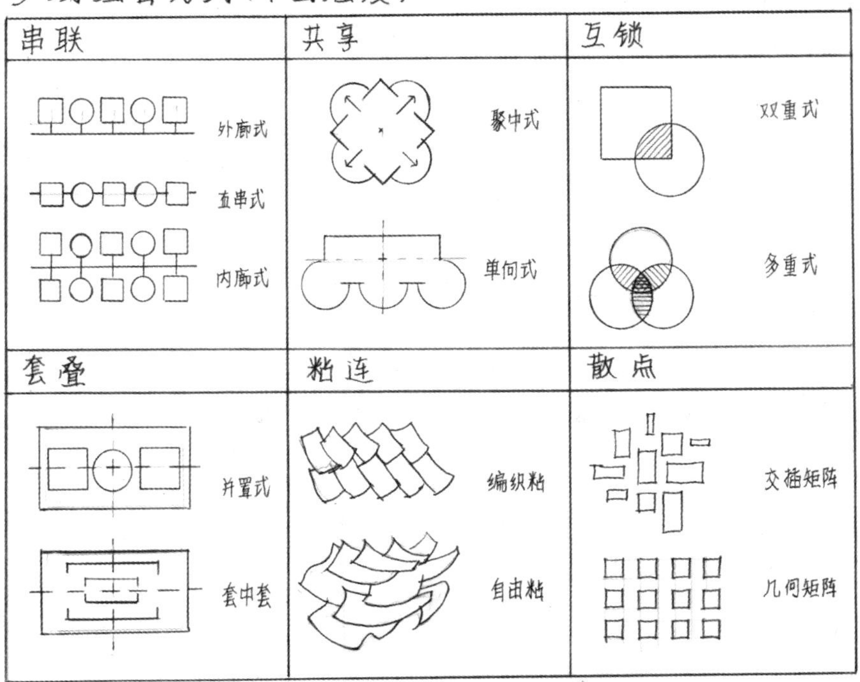

图6-1-40 多域组合方式(平面维度)

6-2 场域建构的形式逻辑

场域建构，旨在寻找引起层次对比的“能量关系”。围绕着场域的“引力”与“推力”，形成了一系列空间层次逻辑，即能量场的形成。能量场通常包含“围合与之间”“对峙与并置”“介入与呼应”“对称与对位”“主体与客体”“夹持与松弛”这六大方面。通过此六大方面，形成空间抽象关系的形式逻辑，并通过轴场线的方向及其“引力”与“推力”的分布，能分析出场域能量构成的关系。

6-2-1 围合与之间

“围合与之间”是场域建构的基础形式，其余相关方式仅是它的发展变体。“围合”，是一种抱合凝固的姿态，使场域固态化，呈集气之势，并形成一定独立程度的场域感。围合程度的高低决定场域独立程度的高低，一般被围合后的场域，均体现出较为静止的状态。

“之间”，是两者以上的相互关系，通常面面相对，呈开放、对峙之势。“之间”距离的大小，决定两者引力的大小。引力过大则呈压迫之感，引力过小又气散神消，“之间”的场能也随之弱化（见图6-2-1 ~图6-2-3 围合与之间）。

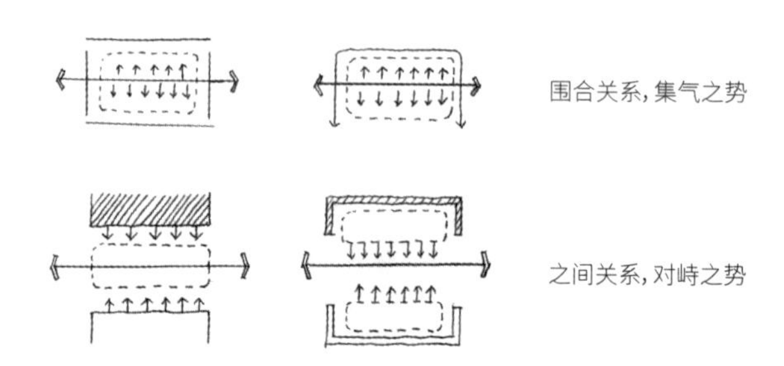

图6-2-1 围合与之间

图6-2-2 锦江之星昆山店，泓叶设计
通过材质的划分，形成若干空间围合与之间的层次

图6-2-3 意大利布里昂家族墓地
建筑设计：卡诺·斯卡帕
通过实体围合，形成若干之间的关系

“围合”后形成的空间轴场线，对该场域的围合界面形成张力，即中心轴场线向周围所形成的“推力”。

“之间”所形成的空间轴场线，受场域两侧的场能压迫与对峙，构成了聚中的“引力”，即反向的“推力”。由此，轴场线成了受力线，而非发力线。

“围合与之间”体现出场域“自主性”与“他主性”的关系。

以单域为例，其围合的方式也多具特征（见图 6-2-4 单域围合方式）。

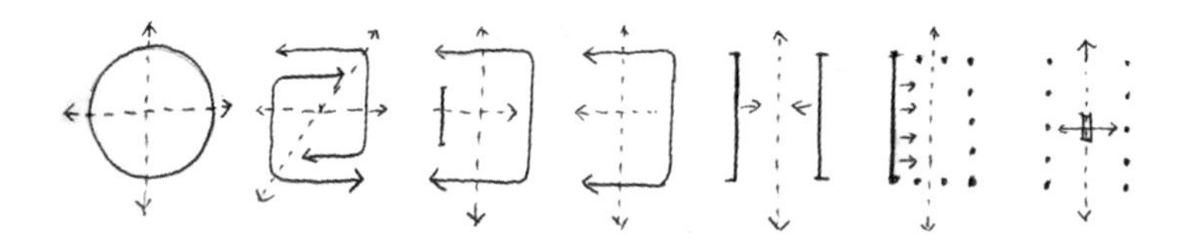

图6-2-4 单域围合方式

除平面维度外，还存在于立体维度，形成三维向度上的围合与之间的关系（见图 6-2-5 平面、立体维度的围合与之间）。

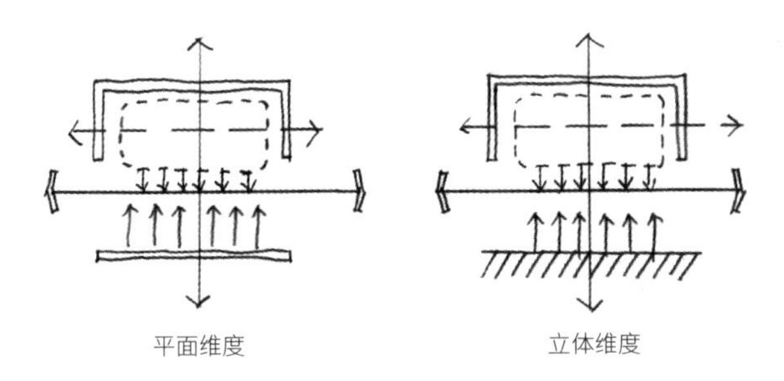

图6-2-5 平面、立体维度的围合与之间

6-2-2 对峙与并置

在“围合与之间”的概念中，有一种极具秩序感的组合形式，往往呈现为：对等均衡的对称性场能关系，是一种势均力敌的“之间”构成。在若干围合体的“之间”中，形成不同维度“对峙与并置”的空间排列（见图 6-2-6 对峙与并置）。

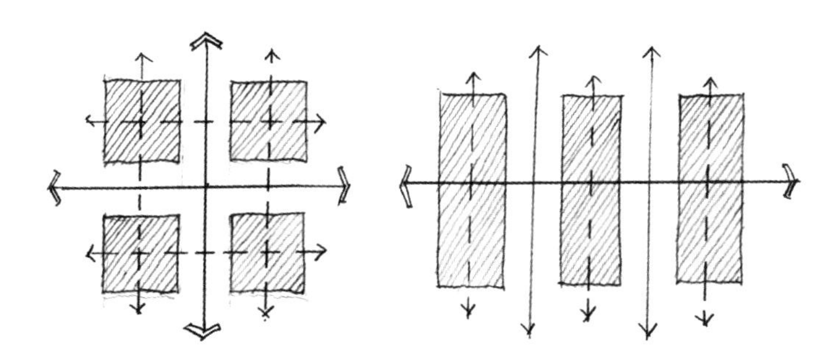

图6-2-6 对峙与并置

同样是符合对等对称的场能条件，对峙与并置也具备多样表现形式。除了实体构筑物之间的对峙并置之外，更有其他不同属性关系的并置反映（见图 6-2-7、图 6-2-8）。

图6-2-7 运用色彩深浅与材质对比，将空间一分为二，形成对峙并置

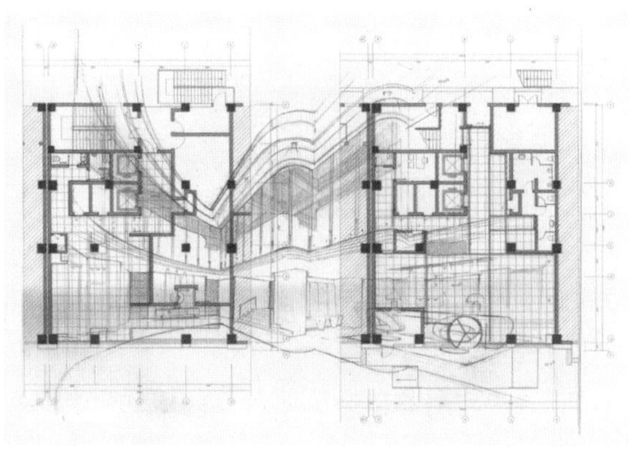

图6-2-8 两种截然不同的形态表现手法，构成纸面空间的形态对峙与并置

6-2-3 主体与客体

场域中有主、客之别。主体场域较客体场域，往往具备形态位置上的完整性，与体量尺度上的优越性。并且在主、客场域关系中，形成总体场域的轴场线由主轴向客轴方向推移的态势。

主体场域相对表现出稳定、主导、围合的态势；客体场域相对呈呼应、从属、反衬的角色。主客场域构成了对峙与之间的关系，或者占领与被占领之间的关系（见图 6-2-9 ~图 6-2-11 主体与客体）。通常，主客之间会形成一个相对独立的场域衔接。

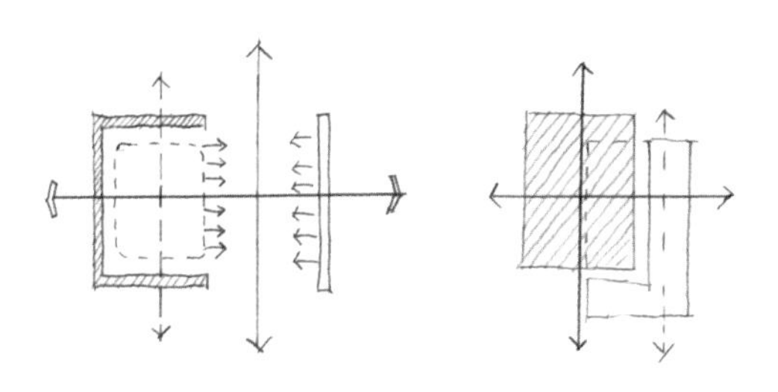

图6-2-9 主体与客体

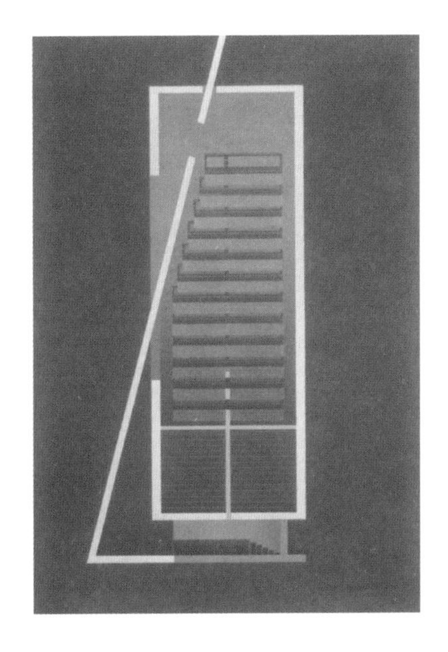

图6-2-11 主体与客体的空间关系

图6-2-10 光之教堂，安藤忠雄设计。侧面介入的空间与主体构成主客关系

6-2-4 介入与呼应

场域中介入了某项显著的因素，形成了明显的层次对比。它们可以是形态、色彩、肌理等因素的对比，更可以是其他非造型因素。所介入的因素，在场域关系中成为视觉焦点或空间高潮，并将介入因素在空间整体关系中保持延伸，取得整体场域的呼应平衡。通常，介入的因素会从某个围合界面，即空间背景中插入画面，构成空间界面的断裂、突变等层次对比。（见图 6−2−10）

与“互锁”不同的是，同样是穿插方式，“互锁”是两者空间体量的穿插重叠，而“介入”往往表现为视觉界面之间的对比（见图 6−2−12、图 6−2−13 介入与呼应）。

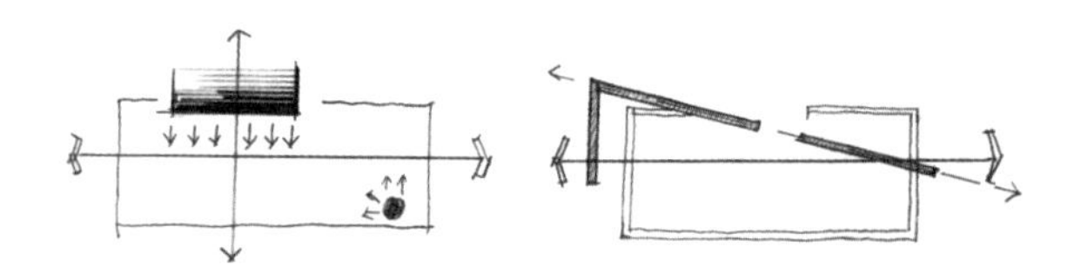

图6-2-12 介入与呼应

图6-2-13 在现代的空间界面中，突然介入一段老旧的墙体，与简洁的室内立面构成介入与呼应的关系

6-2-5 对称与对位

有“对称”，必有控制场域的对称线。对称线，就是控制该整体场域的中轴线，是轴场线最典型的形式，并使场域能量充分均衡。“对称”也是人们最能获得美感的形式之一。“对位”，在整体场域中能引起场域局部关系的对称与呼应。对位的两个端点构成相应的连线，强调空间摆位的联系，可视为对位线。通常成为对称轴线的加强和暗示，是对称线的特殊形式（见图 6-2-14、图 6-2-15 对称与对位）。

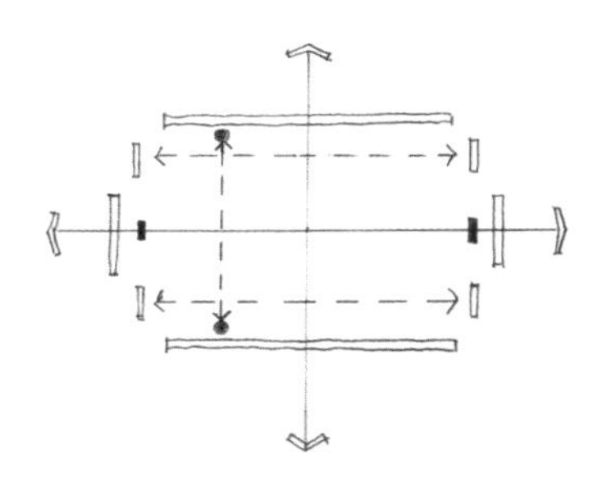

图6-2-14 对称与对位

图6-2-15 上海碧悦城市酒店入口大堂，泓叶设计。酒店入口以对称对位的形式导入，并向左右两侧扩展酒店首层的各项功能

6-2-6 夹持与松弛

“夹持与松弛”是场域组合关系的“紧与松”“实与虚”“大与小”“明与暗”“轻与重”等反差对比的综合体现，是一个调动所有造形手段来形成场域层次的建构方式。与建筑设计中“先抑后扬”的手法有类同之处，但“先抑后扬”更强调空间前后的时间序列，而“夹持与松弛”则不受先后排序的制约，对比关系更为自由（见图 6-2-16 ~ 图 6-2-18 夹持与松弛）。

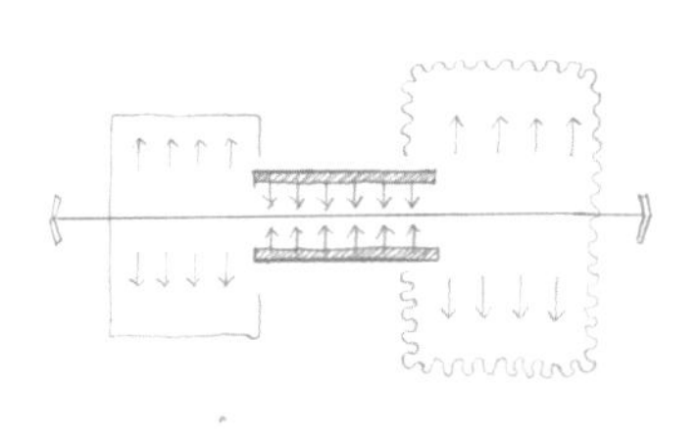

图6-2-16 夹持与松弛

图6-2-17 卡斯特维奇古堡博物馆，斯卡帕设计。空间紧松有序，节奏清晰，以串联的形式，构成夹持与松弛的关系

图6-2-18 锦江之星上海淮海中路店，室内设计泓叶。通过中央联系空间的波折起伏，形成夹持紧张的态势，使得前后两端的大堂与餐厅显得更为松弛开放

上述场域建构的六大形式逻辑，实际上都可视为“之间”的关系。不仅是存在于“围合与围合之间”“对峙与并置之间”；还存在于“主体与客体之间”“介入与呼应之间”“介入与背景之间”；更可以是“对称、对位与整体场域之间”“夹持与松弛之间”。

“之间”就是“层次”，就是空间关系。所有场域的建构，都是“之间”的建构。

总结场域建构的能量逻辑（见图 6-2-19 场域建构能量分析），并参见设计案例——锦江之星东营店（见图 6-2-20 空间抽象关系分析过程）。

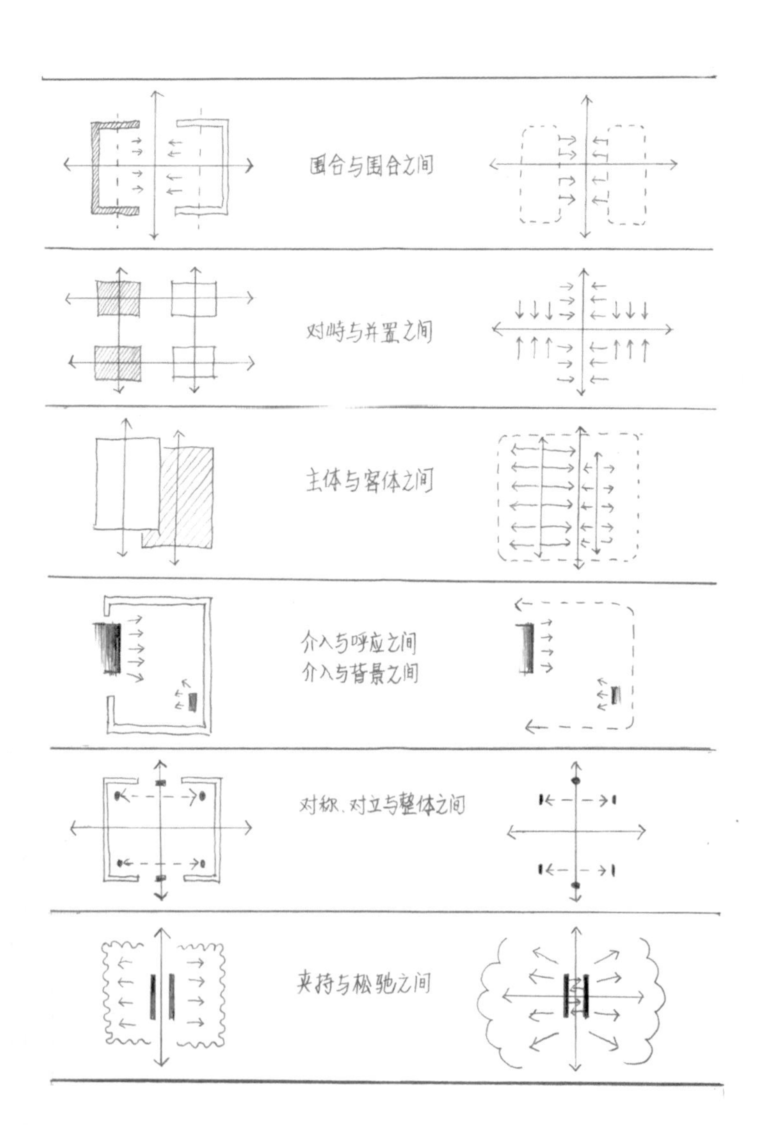

图6-2-19 场域建构能量分析

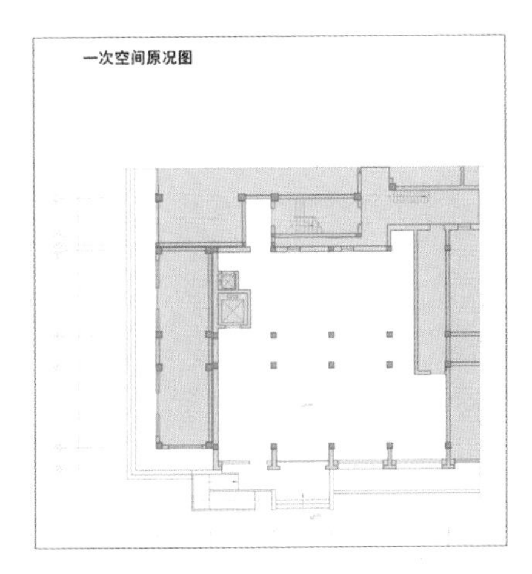

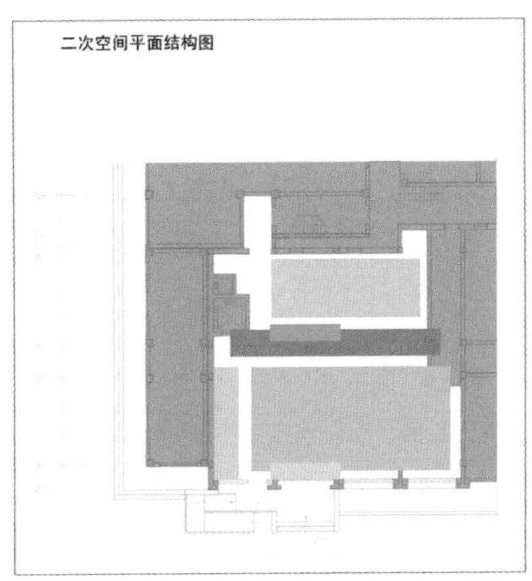

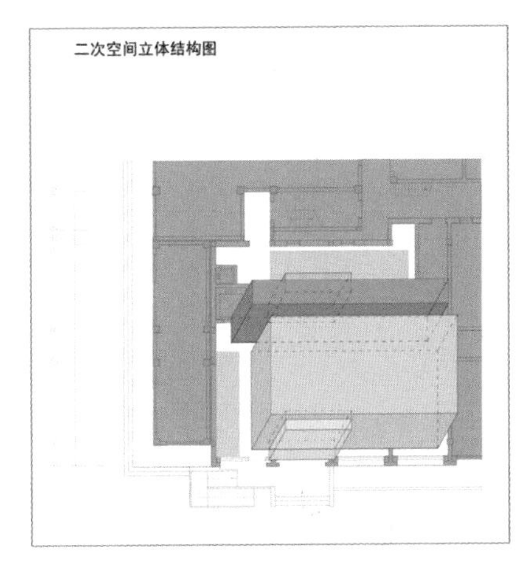

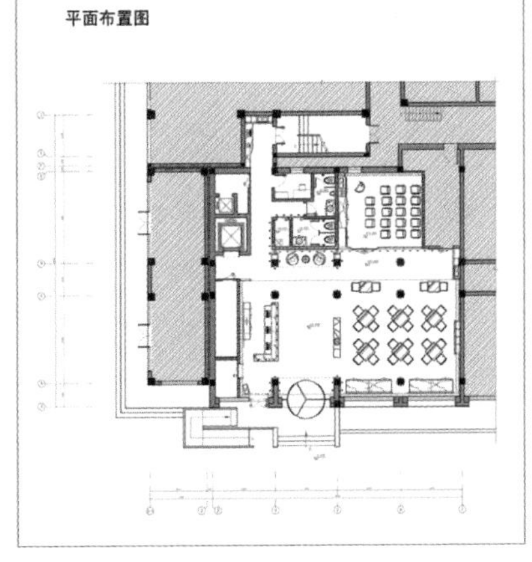

二次空间结构分解图:锦江之星东营店一层公共区域

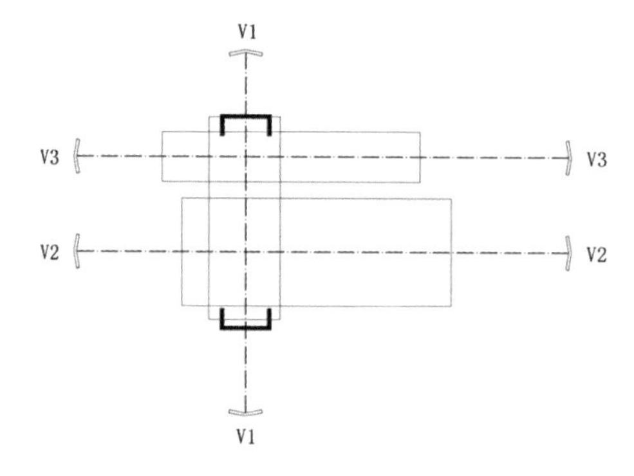

空间上：V1与V2、V3相贯通，十字重叠，
方向对比

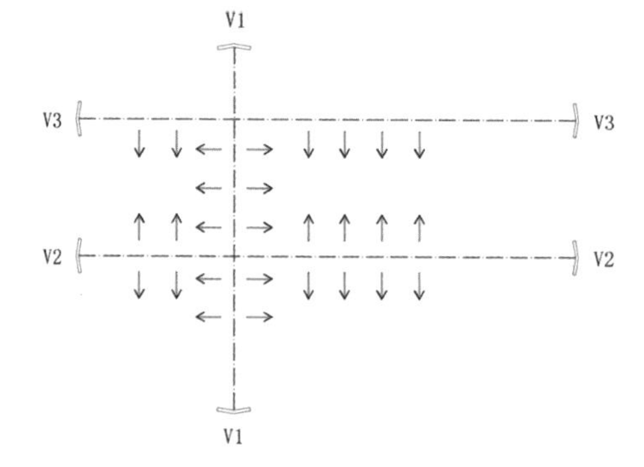

V2与V3同向并置，相互对峙、对比，构成“之间”关系，在“之间”中分主客

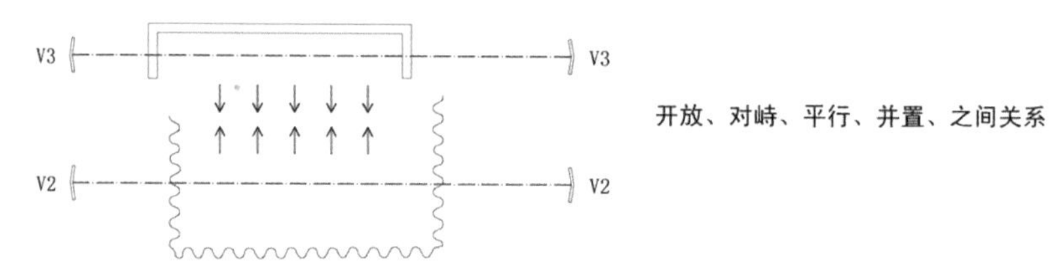

开放、对峙、平行、并置、之间关系

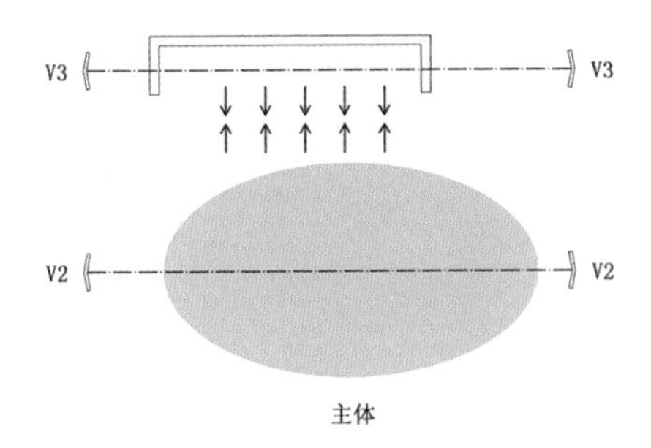

V2相对“合围”，构成主体。
V3成为“之间”关系中的从属客体

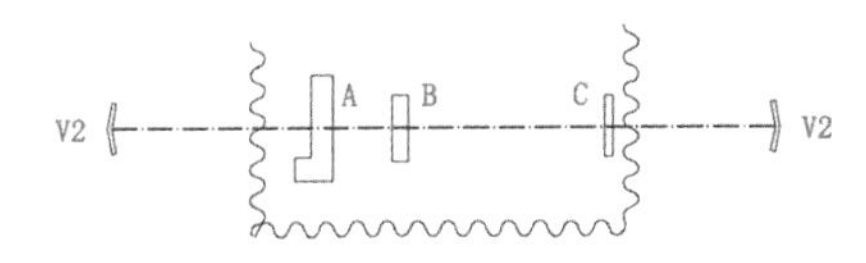

V2轴上的A、B、C为中心对应，强调V2构成的“合围”性主体，形成V2轴的视觉中心，为主体空间增加节奏对比

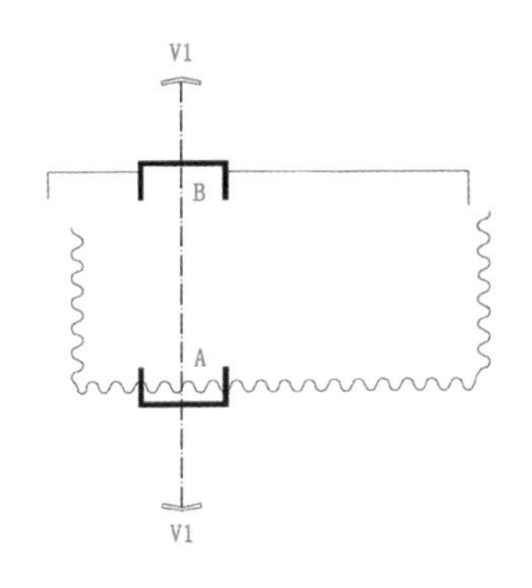

V1轴上的A、B相互合围，对应相吸，强调垂直向上的主体性，形成中轴合围

在V2与V3的对峙关系中，V2轻、V3重;V2虚、V3实。
在空间上:V2呈合围主体，与V3傍衬构成“之间”对峙。
明度上:V2浅，V3深。
照度上:V2亮，V3暗。
材料上:V2轻、虚、透、飘、反射……
V3重、实、堵、厚、吸射……
二次空间的抽象组合关系，是所有其他界面、色调、材料、照明、陈设诸概念中的主导概念，是概念的概念。

图6-2-20 空间抽象关系分析过程

七 属性同类分配

7-1 关于属性同类分配

7-1-1 概念分类

“属性同类分配”是指空间中能够被提取的某一类相同或相似的因素，用来重构空间的构图布局，以形成空间新的层次与建构逻辑。

“属性同类分配”的途径多样。通常情况下，会以色彩、肌理等因素为媒介，形成属性的同类化空间表述。因此，“属性同类分配”往往可视为对于非具象属性的组织编排。如此非形态属性的表现方式是一个被分解在具象物件中，具有多样表现语言的抽象化梳理。

所有非形态属性的层次分配，最终都以空间某一具体构件的形状界面为物化基础。因此，“属性同类分配”总体上可再分解为“有形”与“非形”、“具象”与“抽象”两大组成部分，即“空间构形”与“非形态”两大属性类别。

属性同类分配 —— 空间构形（具象属性）
　　　　　　 —— 非形态（非具象属性）

图7-1-1 都城新亚经典大酒店，泓叶设计
设计运用蓝色拉开咖啡厅和餐厅前后两个区域划分，同时将零星蓝色引导到前面咖啡厅地毯和部分沙发，以保持两个功能区域既独立又互通的空间整体关系

7-1-2 意义

进一步分析“属性同类分配”，不论是“空间构形”还是“非形态”，均可再分解成若干具体细项。相比“场域建构”中直接营造构筑的设计方式，“属性同类分配”更加适合室内设计的专业特点。因为无论是“有形”抑或“无形”，归根结底都是通过非形态因素最终完成场域的属性分配。因此，其意义显而易见：**在不改变原有空间形态和构件的条件限定下，改变其空间的场域感受，重新建构空间的层次关系，以符合新设计、新功能的布局需求，抑或作为视觉智慧的建构，形成一种新的视觉逻辑与层次表述**，并成为室内设计一项重要的空间创造方式（见图 7-1-1 ~图 7-1-3）。

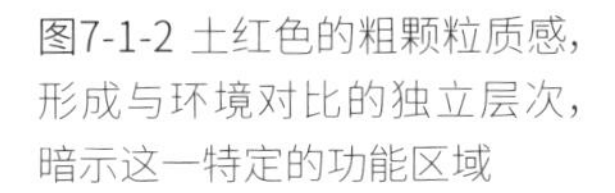

图7-1-2 土红色的粗颗粒质感，形成与环境对比的独立层次，暗示这一特定的功能区域

图7-1-3 不同材质与明度的组合，构成空间的层次逻辑，完成相应的区域划分

7-2 空间构形与非形态

抽象关系，就是寻找层次关系。首先从“空间构形”中的具象因素开始，着手空间构形的层次划分。进而应用“非形态”语言完成最终的“属性同类分配”。

7-2-1 空间构形层次构成

所谓空间构形，是体现抽象关系的空间构筑物中，各种具象构件形态的总和。“空间构形”，同样可细分成若干具体的层次。在空间设计中，可将空间构形所建构的层次分为:“围合界面”“空间结构”“空间之物”“空间场域”四大方面的属性内容。

“围合界面”，指空间中所设立的维护面，通常作为场域的背景环境，呈现为地面、立面、顶面等具体的构筑形式。作为其中一个构形层次，可与其他构形属性形成空间设计中的对比或协调（同一）关系。

“空间结构”，指空间中的结构因素，通常为梁柱系统的支撑框架与其它承重结构。作为其中一个构形层次，同样可与“围合界面”及其他“空间之物”构成空间设计的对比或协调（同一）关系。

“空间之物”，指空间中的独立形，它可以是独立的陈设物（家具、灯具、艺术装置……），或者是建筑物中的某些独立构件（楼梯、井道、隔断、门窗……）。作为其中一个构形层次，可与“围合界面”“空间结构”“空间之物”形成空间设计中的对比或协调（同一）关系。

上述三者均为单域空间构筑物的形态内容，如若再增加“空间场域”中的多域组合，则空间构形的层次建构逻辑将成倍递增，空间关系也会显得更加丰富复杂。

空间构形中的四大属性内容，彼此相互组合，通过不同材质等媒介的对比，可建立多样化的空间逻辑，参见前述表 2：属性构形组合表。

“空间构形”所形成的属性同类层次建构，就是运用“界”“结”“物”“域”这四大类别中的任意两项、或三项、或四项因素进行层次的组合分配，除了彼此间不同类别构形的对比建构外，也可以是某一构形类别之中的同类对比，使得每一项构形因素进一步扩充细化。比如：在同一个场域中，“围合界面”本身因不同的材质和色料等变化，就可以产生数个不同界面的属性层次对比，而且，如此数个不同界面的层次分配，同时又与其它“空间之物”“空间结构”或“空间场域”产生更大范围的空间对比关系。

图7-2-1 养云安缦，凯利·希尔设计。中式传统建筑，木结构独立形成一个属性层次，与界面及陈设物相对比(即:结/界/物)

同理，除“界”之外，“物”“结”“场”也同样可被划分出更多的属性层次分配。如此，“空间构形”能产生的层次变化将不断扩展延伸，而上述表 2 不仅是提供一种较为抽象的系统思维方式和空间操作路径，更是对属性中空间构形所可能产生的层次属性建构，做出梳理总结（见图 7-2-1 ~图 7-2-5）。

图7-2-2 按空间构形中的界面、结构、独立物进行层次建构，设计逻辑清晰（即：结/界/物）

图7-2-3 德国新柏林博物馆，大卫·契普菲尔德设计。不同材质，分配于不同的构件，使墙、地、顶、梁柱、隔断彼此独立形成一类层次属性（即：界/界/结/物）

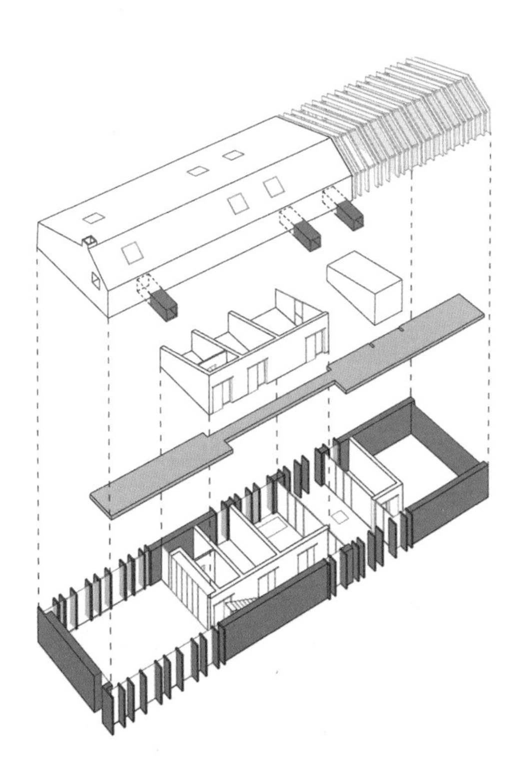

图7-2-4 按不同构件界面进行属性层次再分配,构成场域的分(即:界/界/物)

图7-2-5 石材与木材异质同构,保持地坪石材与底层立柱为一体;顶棚木材与二层立柱为一体。形成界面上下层次对比,是空间构形与非形态设计相统一的案例(即:界/界/场)

7-2-2 非形态层次构成

除空间构形外，视觉因素中的一切非造型元素，统称为“非形态”属性。

属性同类分配，由具象的“空间构形”和抽象的“非形态”两大属性共同构成。而且，空间构形的元素一般都通过“非形态”形成差异对比。可以说，属性同类分配最终将落实到非形态语言的分配建构。

“非形态”属性通常包含：“光感”“色感”“质感”“秩序感”……其中，“秩序感”的表现常伴随着不同韵律、方向的图案拼贴组合。“非形态”因素是伴随在“空间构形”之中的某种抽象视觉表现，往往呈非独立，或是隐性存在，与空间构形同时结伴出现。对于“非形态”因素，我们需要的是发现，它是空间关系中最具创造性的因素（见图7–2–6～图7–2–10）。

在非形态的同类属性分配中，色调、材质、光照等因素相对容易解读。但秩序感的同类属性分配，相对而言却更见其语言逻辑的抽象性，它更多表现为一种编排方式的同一性解读。

图7-2-6 红色区域构成嵌入式空间，与灰、黄两色空间形成色调属性的场域对比

图7-2-7 红色虚拟空间的重新组织，使空间构图出现双重属性叠加构成，并形成新的空间层次关系

图7-2-8 巴黎雅典娜广场酒店。闪光的水晶挂件与镜面不锈钢反射，共同构成材质感的同类属性层次，与其他亚光质感形成层次对比

图7-2-9 不同的光色产生空间层次与距离，运用光色属性进行区域划分

图7-2-10 图案的拼贴秩序与黑、白、金的色彩分配，
形成空间同类属性的层次关系

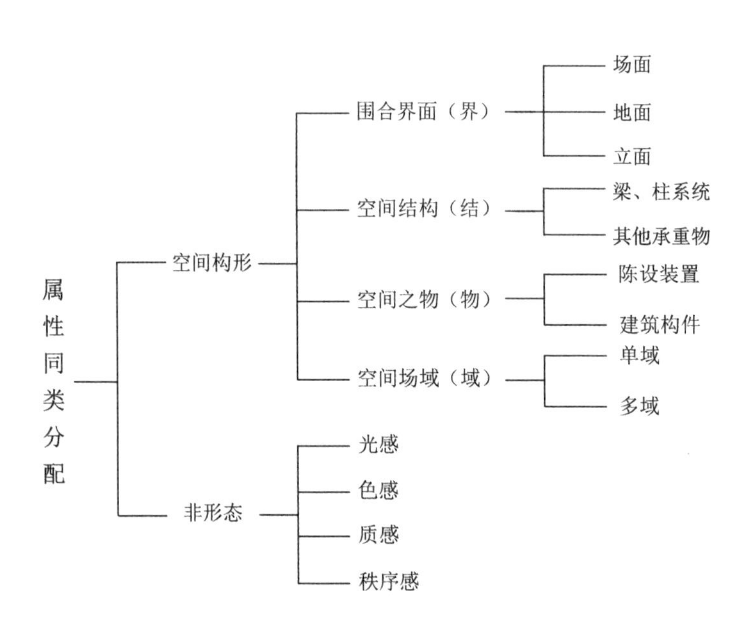

上表中的每一项，都可成为某一类属性层次被提炼。而每一类的属性中，还能继续分解出更多的分类属性，如若再经过不同的排列组合来编辑，空间层次分配的多样性建构可见一斑。

7-3 层次的“同一性”与“统一性”

抽象关系最终被归结为“层次”与“比例”的相互作用。层次建构的“同一性”与“统一性”是对“层次”与“比例”的进一步解读。

7-3-1 “同一性”与“统一性”

空间中，那些存在于同一属性类别中的相同因素，因其相同或相似的特征，被视为“同一性”，即相同层次的同一提取；那些存在于不同属性类别的因素，因其相异的特征，被控制于整体空间的平衡对峙中，可视为“统一性”，即层次的对比关系。

以色调为例，假设空间中存在某种相同或是相似的色彩：如“大红”“朱红”“深红”等，就可被提取为属性中的“同一性”层次。而空间中能够归纳出几种色调，即在空间中就建立起几种“同一性”的层次属性。

同样，除色感因素外，同时综合质感、光感、秩序感等不同属性的非形态因素，或者是不同造形母题等形态因素的对比组合，则更加可以增添空间属性的“同一性”对比数量，即产生若干数量的空间层次关系。

由此可见：**空间中具备多少个“同一性”，就是具备多少个层次关系。**（见图 7-3-1 ~图 7-3-3）。

图7-3-1 碧悦城市酒店，泓叶设计。
通过原木饰面、石材墙面与地坪；深色地板、沙发及深色墙面与顶面涂料；浅蓝色坐垫和靠枕，共同形成了四个“同一性”之间的统一空间，空间层次逻辑清晰。

图7-3-2 高亮的地坪、暗黑的底景、暖色的木质、砂面的金属，场域通过该四组“同一性”质感，构成空间四组层次对比关系

图7-3-3 阿姆斯Conservatorium Hotel-The Leading Hotels of The World
原址中的灰红墙砖与地坪暖灰色肌理保持同一；新加建的黑色幕墙建筑与空间中黑色的悬挂框架、吧台隔断墙、咖啡桌椅保持同一；其间点缀的绿色椅子和植物成为同一。空间由此获得三个“同一性”属性，形成了空间三组层次对比关系

7-3-2 层次“统一性”逻辑

随着“同一性”数量增加，“统一性”的逻辑范围亦相应扩充。从有形至无形，由“空间构形”开始，使“围合界面”“空间结构”“空间之物”三者因素构成了单域空间中，“空间构形”各类属性层次的第一次分配，形成了第一次“统一性”；如果继续介入多域空间关系，在第一次“统一性”基础上，则出现第二次分配，形成第二次“统一性”；倘若再继续介入“非形态”的因素，在上述二次“统一性”基础上，则出现第三次分配，形成第三次“统一性”。由此，“统一性”覆盖的范围与建构逻辑将更加宽泛和复杂，层次建构的复杂性关系随之扩展，最终由非形态因素完成空间层次的再分配使命，见下表：属性层次统一性。

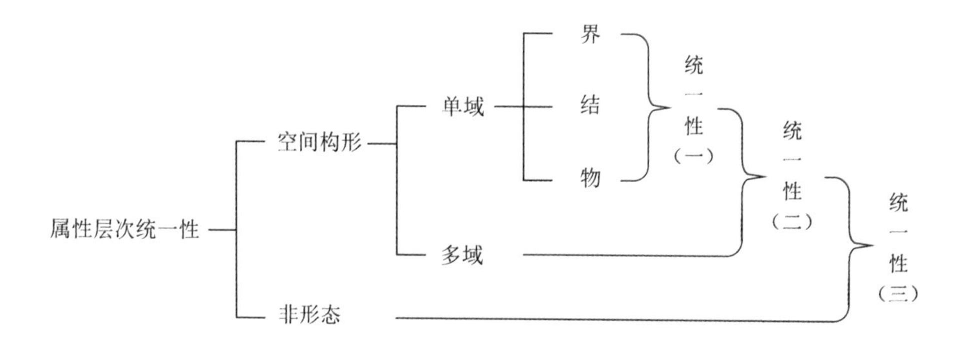

除上述不同属性类别之间的统一性递增关系外，在同一属性中，还存在更多的不同“同一性”因素之间的“统一性”对比关系。

如此众多因素的排列组合，形成的组合关系与层次将不计其数，空间表现语言丰富多意（见图 7-3-4 层次统一性操作解析图）。

图 7-3-4 以方盒为例，以深、浅两色非造形因素为限定，对空间构形中的各类有形具象因素作一梳理。按照属性层次内容的递增，从操作（一）至操作（三），建立各“同一性”与“统一性”的层次关系。

为方便对图 7-3-4 的描述与理解，将盒子空间的界面分别从 1 ～ 5 加以注明；盒中之物从 1 ～ 4 加以注明；结构构件以梁柱楼板加以注明；盒子空间从单域至多域，分为 1 ～ 4 个区域。具体操作如下：
将围合界面分成界（1）、界（2）、界（3）、界（4）、界（5），如图所示；
将空间之物分成物（1）、物（2）、物（3）、物（4），如图所示；
将空间结构分成梁、柱、楼板，如图所示；
将空间场域分成场（1）、场（2）、场（3）、场（4），如图所示。
（见图 7-3-4 层次内容梳理表）

空间构形层次	非造形层次
(1) (4) (3) (5) (2) 围合界面 界(1)、界(2)、界(3) 界(4)、界(5)	(1) (2) 深色(1) 浅色(2)
(1) (2) (4) (3) 空间之物 物(1)、物(2)、物(3)、物(4)	
空间结构 梁.柱.楼板	
(4) (3) (2) (1) 空间场域 场(1)、场(2)、场(3)、场(4)	

图7-3-4 层次内容梳理表

操作（一）围合界面与空间之物的层次建构。

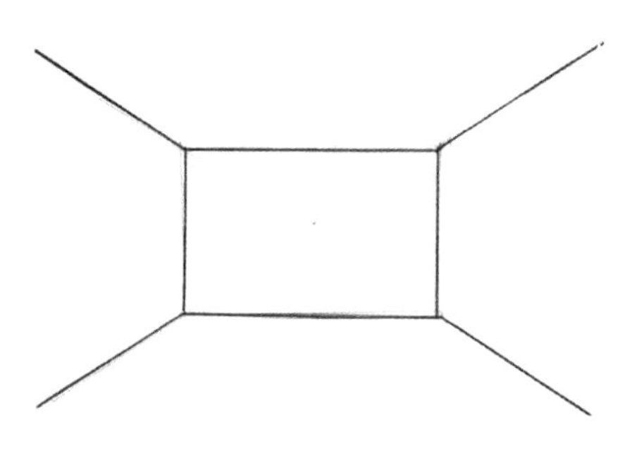

图7-3-4(a)围合界面，假设界(1)、界(2)、界(3)、界(4)、界(5)之间为同一性

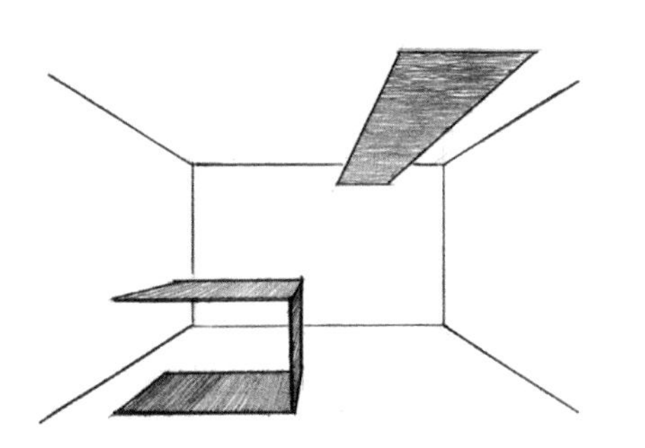

图7-3-4(b)介入空间之物，假设物(1)、物(2)之间为同一性，与围合界面(界(1)、界(2)、界(3)、界(4)、界(5))形成层次对比的统一性(界/物)

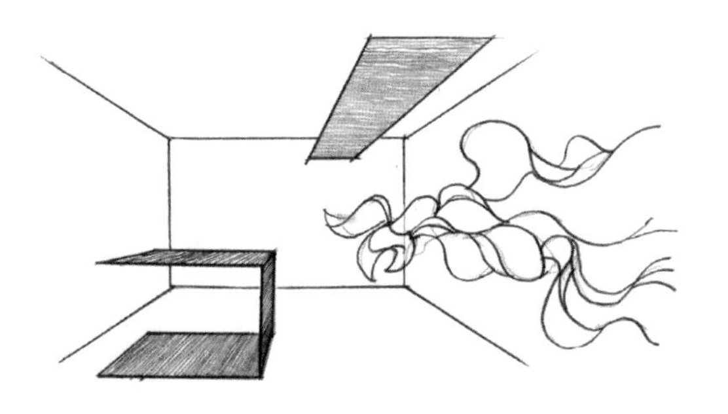

图7-3-4(c)继续介入空间之物，假设新空间之物(3)与原空间之物(1)、(2)相对比，与围合界面既对比又一致，即：物、物同一性；物、物统一性；物、界同一性；物、界统一性(界/物/物)

操作（二）在上述基础上，引入空间结构层次。

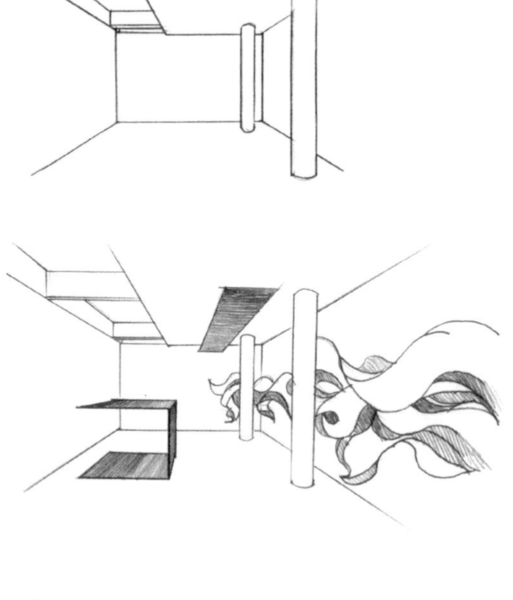

图7-3-4 (d) 假设介入空间结构，保持结构层次自身同一性，与围合界面相同一，或相统一（结/界）

图7-3-4 (e) 引入空间结构，假设空间结构与围合界面完全呈同一性，并使物（3）兼备深浅两色为代表的非造形层次对比，与物（1）、（2）同时既对比又同一，与围合界面及空间结构亦既统一又同一，即：结、结同一性；界、界同一性；界、结同一性；界、物同一性；界、物统一性；物、物同一性；物、物统一性；结、物同一性；结、物统一性.（结/界/物/物）

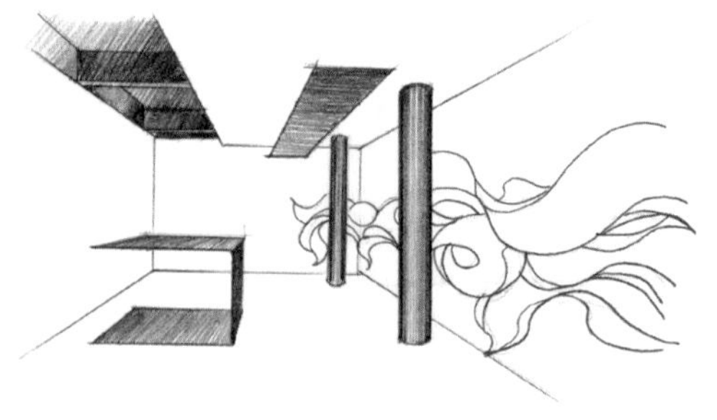

图7-3-4 (f) 恢复物（3）与物（1）、（2）相对比，引入空间结构，假设空间结构自身同一，与围合界面相对比，与空间之物（1）、（2）相同一，与物（3）相对比，即：结、结同一性；界、界同一性；界、结统一性；结、物同一性；结、物统一性；物、物同一性；物、物统一性；界、物同一性；界、物统一性（结/界/物/物）

操作（三）在（一）、（二）基础上，引入多场域层次关系。

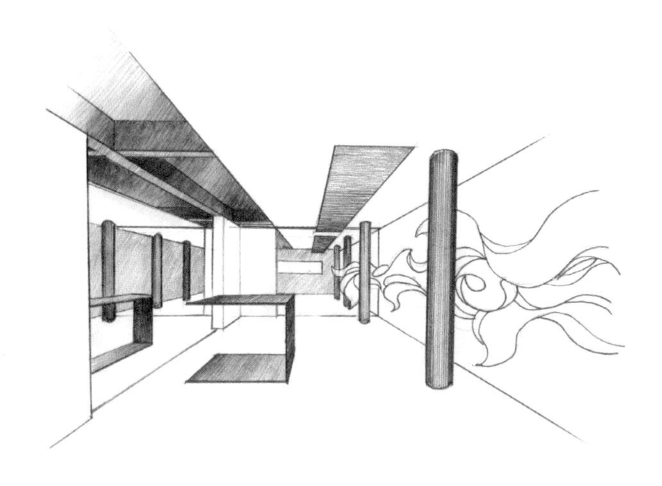

图7-3-4（g）介入多域空间，打破单域关系，形成场域（1）、（2）、（3）、（4），增加场域与场域之间的层次，包括物（4）的介入。使空间抽象关系同时含有空间场域、空间结构、空间之物、围合界面的多重层次对比的统一（场/结/界/界/物/物）

图7-3-4 层次统一性操作解析图

倘若在上述基础上，增加任意一项非造型因素、或者是构形对象中的有形因素，空间关系将由此获得更为丰富多样的层次逻辑。参见前文第 67 页中“表 2 属性构形组合表”。

7-4 合并同类项

同样，“合并同类项”也是对“属性同类分配”的另一种解读方式。

7-4-1 关于“合并同类项”

“合并同类项”就是将相同或相近的属性归纳为同一层次的方式。其中，采用“非形态”因素，如色调控制，是合并层次、建构空间关系的最常用手法。

那么，归纳后的层次，为何能体现空间的抽象关系呢？

因为，被合并归纳后的同一层次，分别存在于空间的不同位置。**不同位置所表现的“同一性”因素，彼此相互呼应，构成“之间”的关系，从而诞生出新的层次分配逻辑，即产生新的场域抽象关系**。由此，在同一个空间范围内，如果同时存在数个“同一性”层次，空间即存在数个层次与层次、场域与场域之间的对比统一关系，并在一个整体的“比例”控制下，建构出整体空间的抽象关系。（见图 7-4-1 ～图 7-4-4）

那么，“层次”与“比例”，或者说“同一性”与“统一性”，它们之间也存在一定的结构关系。

7-4-2 层次结构

层次结构是体现层次同一性的逻辑排序。分别表现为如下三个原则。

（a）层次数与空间整体性

层次的出现，是因为存在不同的“同一性”划分，有一个“同一性”便有一个“同类项”。“同类项”数量越多，也就是层次数越多，空间组合效果亦相应越复杂多意。由此说明：**空间的整体感与逻辑的清晰性与层次数呈反比**。

图7-4-1 菲利浦·斯达克设计的餐厅。橘红色镜面与无彩系的灰、白色调，构成两大同类项对比

图7-4-2 土红、白灰、深灰构成三大同类项，合并众多细节造形的变化

图7-4-3 鲍纳尔的风景油画，将自然对象丰富的内容合并归纳，构成简化的色平面空间

图7-4-4 合并后的同类属性，被分配到空间的不同位置，构成“之间”的关系，形成新的场域秩序

（b）层次与层次的结构

层次的结构，反映出层次之间的抽象关系。以色调为例：设计中，如果明确有几种色调，然后决定每一色调在整体空间所处的位置，进而再将色调与用材相对应，使色调层次的划分直接对接材质分配的层次——所谓“定材先定色”。通常，一种色调可能同时对应数种材料。如此，色调在空间中的种类数一定少于材料品种在空间中的数量；色调的种类数可以是空间层次数，或少于空间层次数；但，绝不会多于空间层次数。而且，色调的种类数越少，空间关系则越清晰、强烈。由此说明：**色调层次的“同一性”大于材质层次的“同一性”**。进而反映出：**“属性结构存在地位差别及排序等级。”**

（c）层次与结构的排序等级

从上述同一性之间的地位差异可以发现：“同一性”的强弱，决定空间层次强弱的排序。层次感控制力程度强的，可将层次感控制力程度弱的归纳合并，成为抽象关系中的同类项，使得空间中低一级的层次需被高一级层次控制。最终，**空间平衡后呈现的层次关系，是空间能量对等的结果。**

层次结构的排序等级就是：**“具象服从抽象，低一级属性层次服从高一级属性层次。”**

首先是“具象服从抽象”。也就是讲：**“有形服从无形”**。**“有形”之中，简单控制多变；主形控制客形；有序控制随机。**

其次是“无形”中，又遵循低一级的属性层次服从高一级的属性层次。分别表现为：**“质感弱于色感，质感服从色感控制”；“色感弱于秩序感，色感服从秩序感控制”；“秩序感弱于光感，秩序感服从光感控制”的排序等级。**

以色为项，继续以深、浅两色的单域方盒为例（见图 7-4-5 合并同类项）。

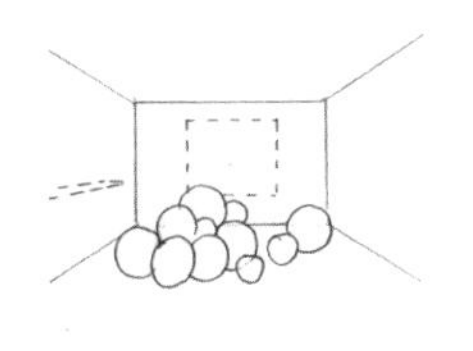

图7-4-5（a）假设方盒空间的地坪中央有若干堆放物，方盒立面中有挂墙式陈设物，因暂无非形态抽象因素介入，空间关系呈同一性状态。

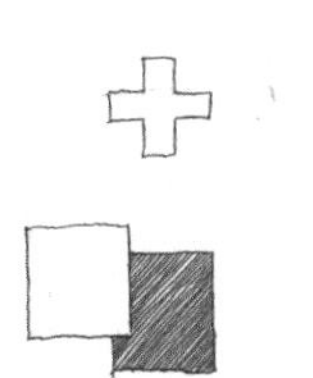

假设在具象有形因素的基础上，介入抽象非形态因素，以深、浅两色为示意，即可形成如下不同的层次合并关系，进而构成不同的场能逻辑关系，参见如下操作。

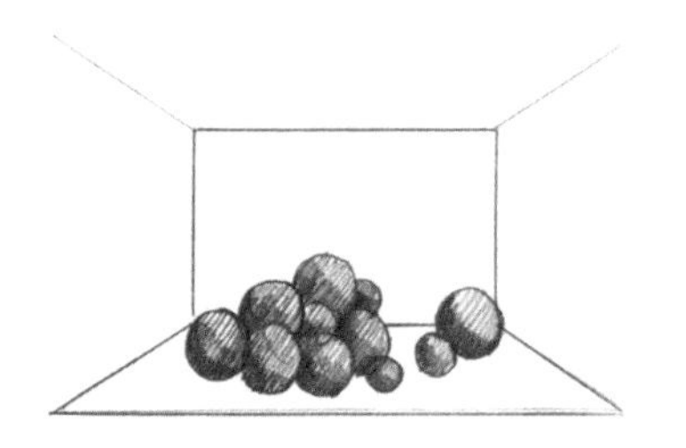

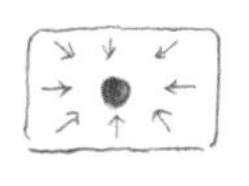

图7-4-5（b）围合界面一体化，同一性；空间之物一体化，同一性，围合界面的同一性与空间之物的同一性相对比，构成层次
场能逻辑：包围对比

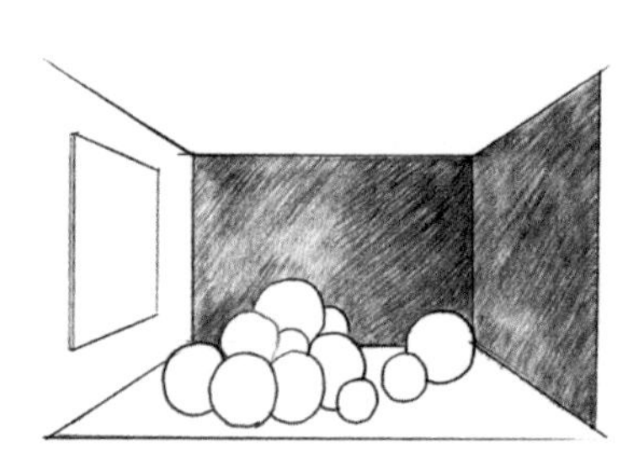

图7-4-5（c）围合界面相对比；空间之物一体化，围合界面与空间之物既同一又统一，构成层次
场能逻辑：成角对峙

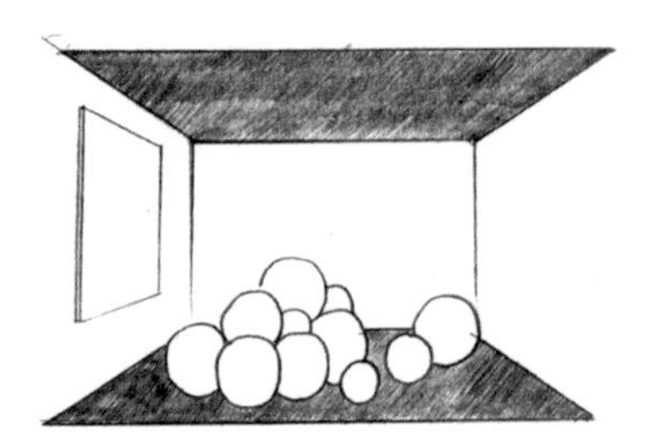

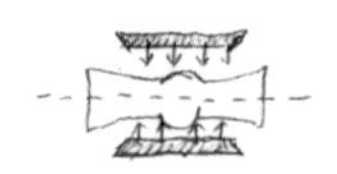

图7-4-5（d）围合界面相对比；空间之物一体化，围合界面与空间之物既同一又统一，构成层次
场能逻辑：上下对峙

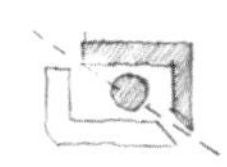

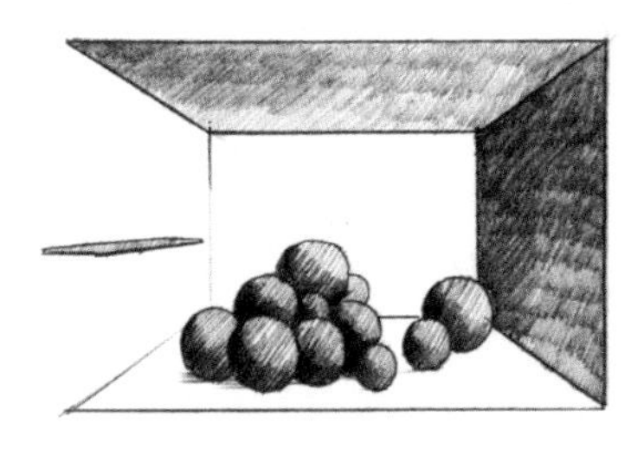

图7-4-5（e）围合界面相对比；空间之物一体化，围合界面与空间之物既同一又统一，构成层次
场能逻辑：成角对峙

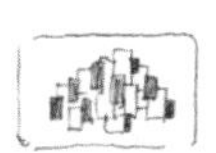

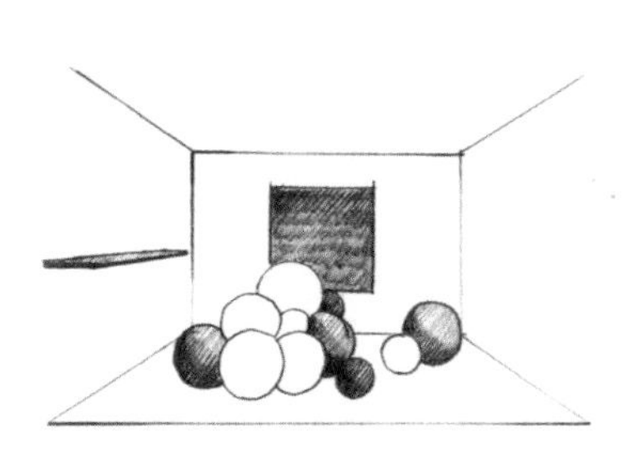

图7-4-5（f）围合界面一体化，同一性；空间之物相对比，围合界面与空间之物既同一又统一，构成层次
场能逻辑：围合兼容

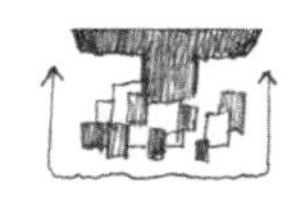

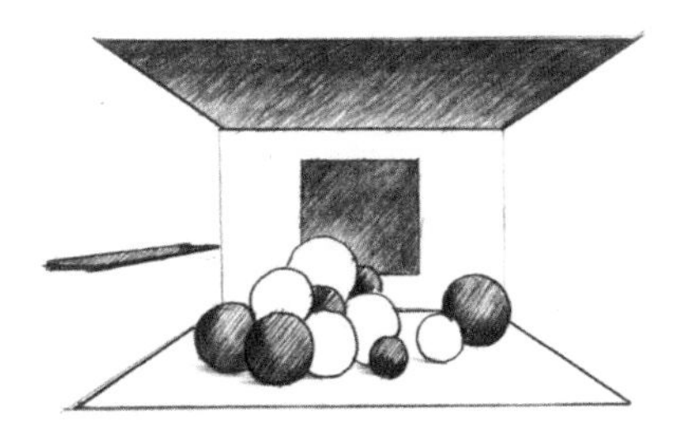

图7-4-5（g）围合界面相对比；空间之物相对比，围合界面与空间之物既同一又统一，构成层次
场能逻辑：对峙兼容

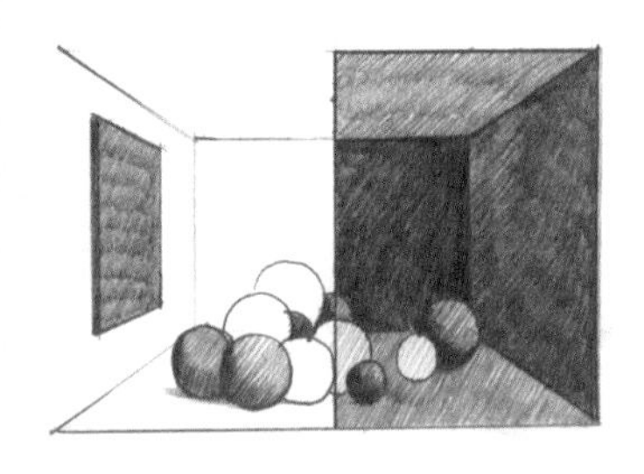

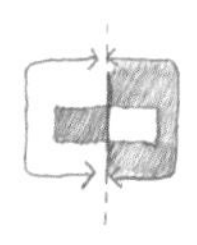

图7-4-5 (h) 围合界面相对比；空间之物相对比，围合界面与空间之物既同一又统一，相对比的空间之物，在整体场域中起到相互联通过渡的作用，构成层次
场能逻辑：对峙联通

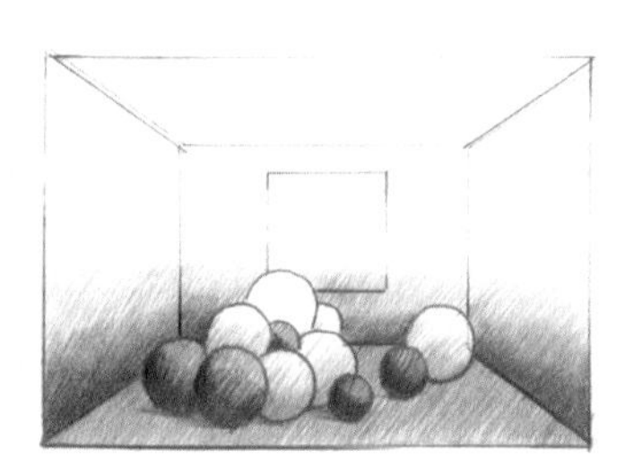

图7-4-5 (i) 围合界面由下而上渐变过渡，呈一体化；空间之物相对比，与界面渐变一体化，成为隆起的地坪。下深上浅推移至顶盖，形成上下过渡式对比，构成层次
场能逻辑：上下过渡

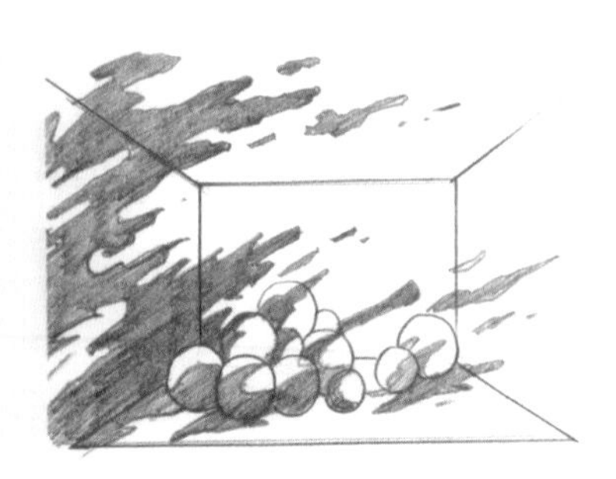

图7-4-5 (j) 围合界面与空间之物同时透叠图形层次，使原空间与介入图形相对比，构成层次
场能逻辑：透叠分离

图7-4-5 合并同类项

在上述图 7-4-5 基础上，通过深浅两色同类合并，构成新的场域关系，使有形因素受之于无形因素控制。如果有更多的色调与材质介入，或者是色、材之外的其他“非形态”因素的介入，甚至有更多空间形之中，任意一项层次构成因素的参与，那么最终的抽象关系将呈现出更为多样化的效果（见图 7-4-6 ～图 7-4-10）。

图7-4-6 巴黎十六区公寓，Ramy Fishler设计。层次的过渡推移，打破原空间形态感。重新合并的层次构成新的空间秩序，使有形的界面与造型服从于无形的抽象形式中

图7-4-7 B & B 家具陈列厅。
相同的灰色调控制不同的质感与物件，反映色彩层次的同一性，对空间的控制大于材质层次的同一性

图7-4-8 北京“叠院儿”，韩文强设计。将空间属性简化成木色与白色两大类。层次数的降低，使空间整体性增高，相互呈反比关系

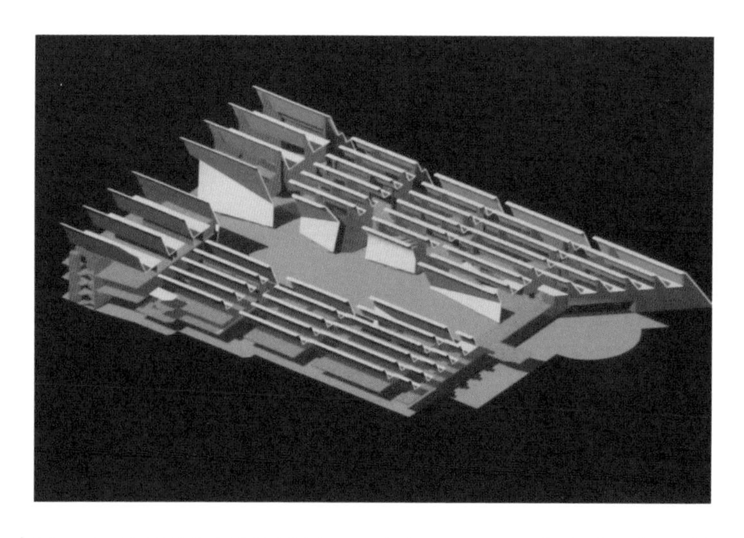

图7-4-9 法国雷诺汽车世界交流中心，Jakob+ Macfarlane设计。秩序感对场域的控制强于色彩的控制，更强于具象形态的控制

图7-4-10 位于纽约的公寓，Reutov Dmitry设计。红与绿两色形成层次对比。跨越每一独立物件与界面的控制，构成新的空间关系。反映出层次的排序等级：抽象大于具象，色彩大于材质，无形大于有形

八 元素对比

8-1 关于元素对比

“元素对比”是强调空间属性关系的整体并置对比，构成逻辑简洁明了，既同“场域建构”有关，亦同“属性同类分配”有关，它分别存在于两维界面、三维立体、四维空间之中，是建筑设计、空间设计、景观设计的常用手法。“元素对比”也可视为两项属性的合并同类项。

“元素对比”可分为两大部分内容：首先是“视觉元素”的对比关系，其次是“非视觉元素”的对比关系。

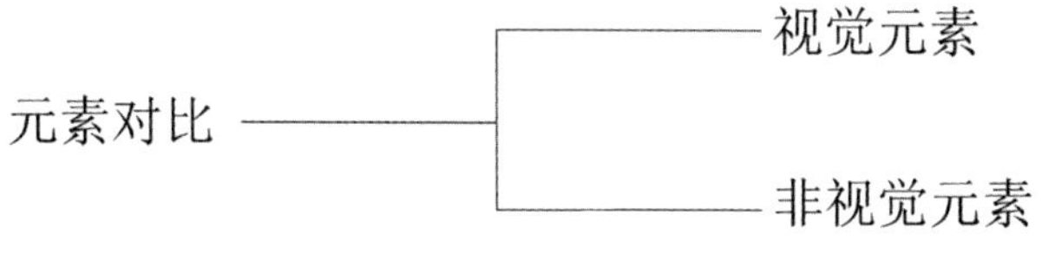

元素对比 —— 视觉元素
元素对比 —— 非视觉元素

8-2 视觉元素

“视觉对比”是以造型语言为表现主体的建构对比，也是元素对比最主要的表现形式。它包括：“造形对比”“色彩对比”“材质对比”“光影对比”“图案对比”“秩序感对比”。

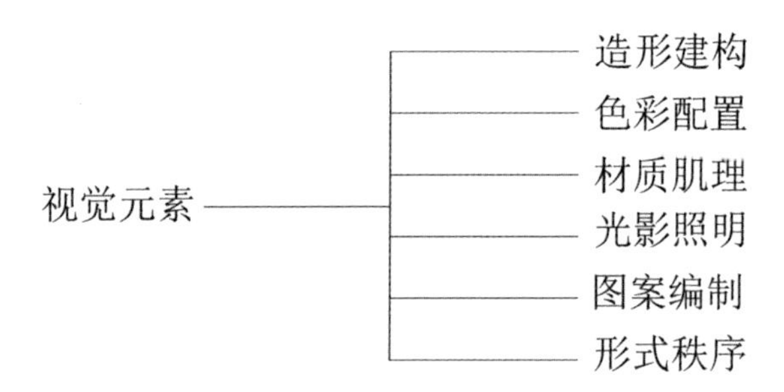

“造形对比”，又可细分为“界面形”“独立形”“空间形”在整体空间环境中的对比关系；它可以是“界面形”与“界面形”“空间形”与“空间形”“独立形”与“独立形”的反差；更可以是“界面形”与“独立形”“独立形”与“空间形”之间的对比（见图8-2-1、图8-2-2）。有关“界面形”“独立形”“空间形”的详细论述，参见《室内设计纲要》一书第三章中第四节。

“色彩对比”，按色彩属性可分为“明度”“色相”“纯度”之间的空间对比关系。常见的有：黑白语言的强对比；或者在一片无彩系的色调中嵌入高纯度的色彩反差（见图7-4-1）； 甚至于以冷暖对峙来平衡空间等等。色彩对比既控制着形体建构，又影响着与材质肌理的效果，

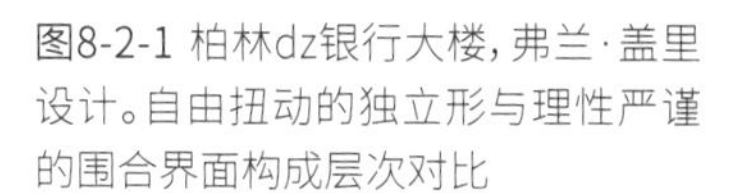

图8-2-1 柏林dz银行大楼，弗兰·盖里设计。自由扭动的独立形与理性严谨的围合界面构成层次对比

图8-2-2 德国汉堡易北河音乐厅，赫尔佐格与德梅隆设计。建筑分上下两部分，构成界面形与界面形的层次对比，同时也包含材质对比

成为元素对比中，视觉元素被应用最广泛的方式之一（见图 8-2-3、图 10-2-4）。

“材质对比”，主要是质感效果与纹理形式的差异构成。而纹理形式则可细分为平面纹理与立体肌理；自然纹理与人工图案肌理。客观上，材质属性最终可以归结为色彩控制。但材质的丰富质感所指向的情感体验与场域表现力，仍然为大多数设计师所青睐，尤其是对质感体验十分显著的那些材质。设计中经常通过材质个性的强烈反差，构成空间多维度的层次体验：包括视觉层次、心理层次、时间层次等（见图 8-2-4 ~图 8-2-6）。

图8-2-3 红、白两色的反差，划分出空间层次，形成同一个空间之内的两个并置区域

图8-2-4 玻璃茶室，吉冈德仁设计。形态追求和谐同构，材质形成反差对比，构成质感与时空对比关系

图8-2-5 马德里文化中心，赫尔佐格与德梅隆设计。自然植物墙与人造材质之间的对比。同时又在建筑立面中表现出新旧界面材质的反差关系

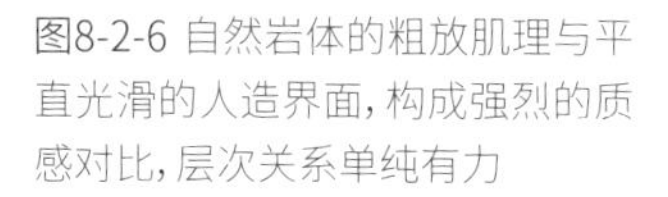
图8-2-6 自然岩体的粗放肌理与平直光滑的人造界面，构成强烈的质感对比，层次关系单纯有力

“光影对比”，即照明的层次之变。可具体分为照明方式之变（点光、线光、面光）；光源硬柔之变（直射的硬光，间接的反射或透射的柔光）；照明光色之变（不同色彩的光线及色温）；光源运动之变（滚动变化的各种照明形式）；更可以是因光线导致的场域突显与周边环境产生的空间对比，使得光源的调整，变换原有场域的限定和体验（见图 8–2–7、图 8–2–8）。

图8-2-7 路灯下的转角，黑暗包围着光明，构成光影层次的对比，使转角成为主角

图8-2-8 聚光下的空间呈现，使一个局部区域得以强化，瞬间变换空间体验

“图案（图形）对比”，利用图案或图形的反差，形成场域或界面之间的视觉对比，是两维因素在三维、四维中的表述语言。如果图案（图形）对比发生在内部空间，那么环境中相同或相近图案与图形的拼贴重复，对于环境将构成图底反差，形成元素视觉对比（见图 8−2−9）。

图8-2-9 黑色的爆炸式图形与原白色空间界面形成图底反差，构成独特的图形层次，与原空间形成对比

“秩序感对比”，利用秩序感对比有多种存在形式，通常呈现为视觉逻辑的抽象表现语言，如：“韵律对比”“方向对比”“疏密对比”“节奏对比”“轻重对比”“拼贴排序”“比例节奏”等等，在众多设计语言中，亦是相对较难控制的元素对比。由于其表现语言的抽象性，因此，它又是介于视觉元素于非视觉元素之间的特殊对比方式（见图 8-2-10、图 8-2-11）。

“视觉元素对比”鲜有以单项元素出现，在实现设计案例中，往往呈现为两项或者两项以上的组合。如：材质与造型、造型与色彩、色彩与光影等复合形式出现。

图8-2-10 虹桥国际展会，隈研吾设计。空间由两种秩序感组成：抬升转折的台阶与叠片卷起的拱顶，构成空间方向与疏密的层次对比关系

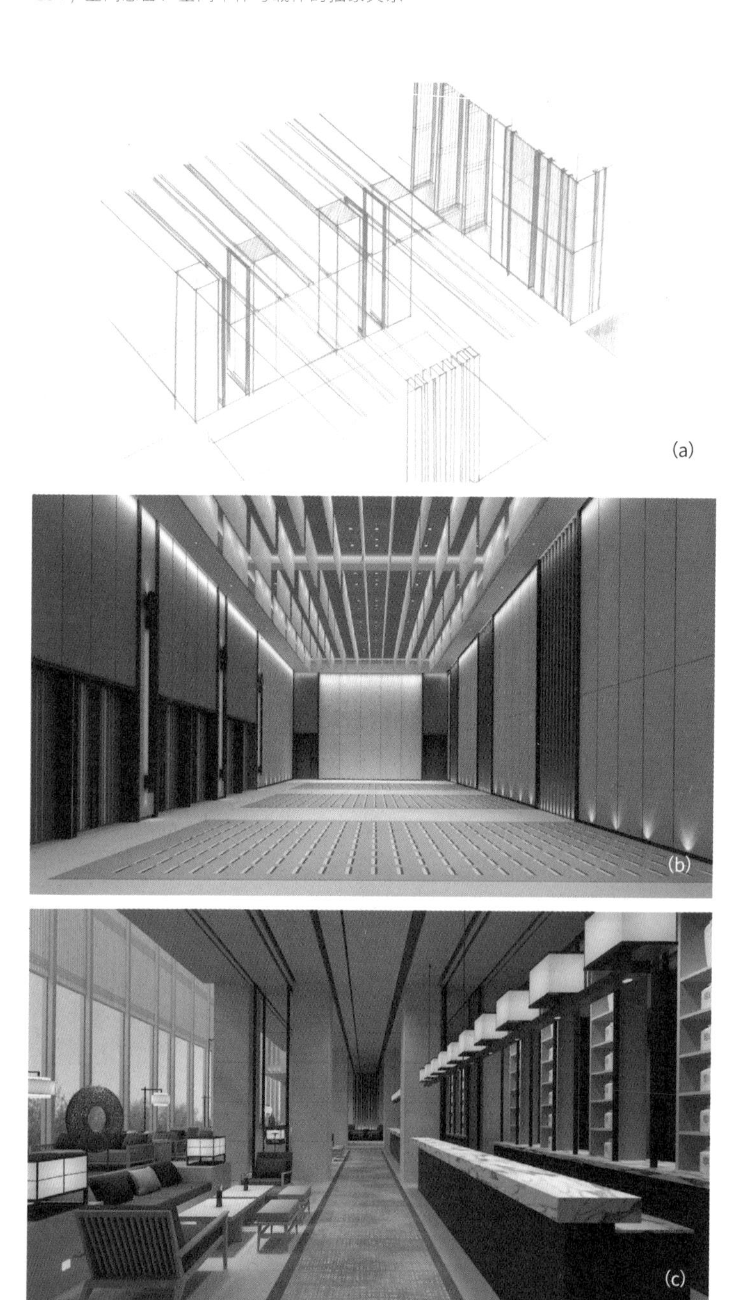

图8-2-11 碧悦城市酒店，泓叶设计
(a) 手绘概念图示 (b) 宴会厅 (c) 大堂咖啡厅
覆盖于天花的平行线引导空间的纵向穿越，与垂直于天花的立面平行线，在连结顶界面与地界面时横向展开，并与纵向平行线彼此构成空间方向、空间界面上的秩序对比

8-3 非视觉元素

所有视觉元素之外的元素抽象对比，均归入到“非视觉元素”的对比。其内容范围变化甚广，设计中时常出现的有：时间对比、文化对比、动静对比、维度对比、声音对比、气味对比……虽说有些“非视觉元素”对比最终仍需通过视觉媒介来传达，但视觉表现在此不是作为对比内容的主要核心载体，仅仅作为转换角色。

“时间对比”，通常凭借新与旧的物件反差，同时并置于一个空间环境，瞬间体验到时光的流逝，使观者进入时空穿梭的感受（见图 8-3-1）。

图8-3-1 新旧反差同时并存，构成空间时间的层次对比

“文化对比”，是地域性的对比表现。通常在同一环境中，并例不同文化范式的风格，追求一种当代性的表现语境与广阔的审美视野（见图 8-3-2）。

“动静对比”，空间中介入富有运动感的对象或画面：如波动的光影、运动的影像、流动的水景、跳动的火焰、移动的装置等等，旨在构成与空间静态界面的对比关系，营造出空间的兴奋点（见图 8-3-3）。

“维度对比”，空间中同时存在不同维度关系的层次对比，即强调在“场域”“界面”“物件”之间，其中某两项或三项的相互层次对比关系。比如：在一个具有深度空间的场域中，插入一个平面化的视觉维度，构成维度层次的对比（见图 8-3-4、图 8-3-5）。

“声音对比”，即由静态沉寂的场域与具有声响的场域相对比。

如此非视觉对比的空间关系，还可以列举更多，包括空间中的“气味”“温度”等等。虽然这些空间分割不再表现为硬质性的，但柔性的空间划分依然会形成带有某种特质的场所氛围，甚至成为中心区域，产生模糊的空间边界。

因“非视觉元素”的介入，融合“视觉元素”为一体，空间的表现力将更具有感染深度。

图8-3-2 伦敦肖迪奇诺布酒店(Nobu Hotel Shoreditch)。设计将东方传统文化与西方现代工业风相融合

图8-3-3 夜空中闪耀的北极光，与大地构成动静对比

图8-3-4 半透明印花画像玻璃办公室隔断。玻璃的通透呈现空间的深度，平面画画的插入构成二维与四维的重叠对比层次

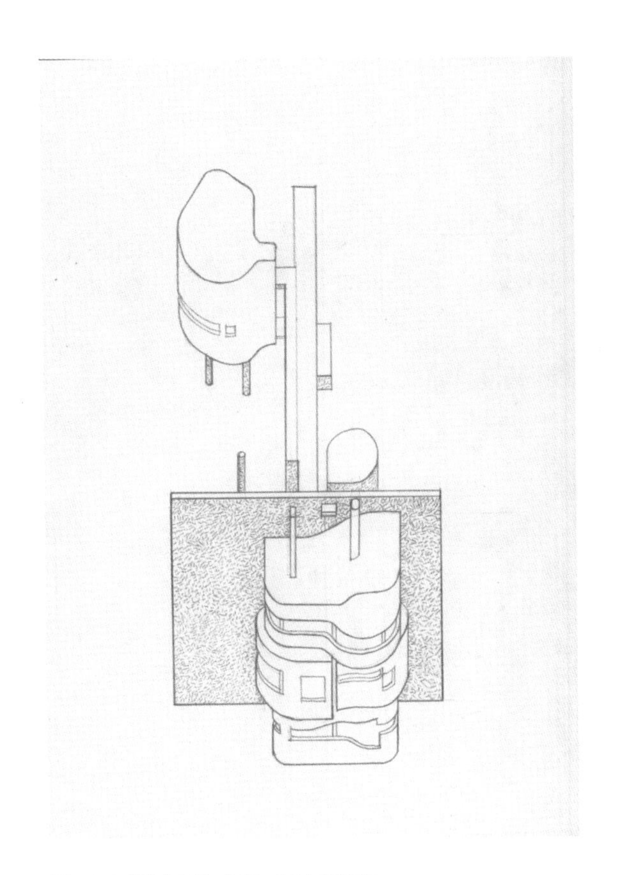

图8-3-5“墙之屋”，约翰·海杜克设计。突起的曲面体被大片平面框限，如同镜框中的画，构成平面与立体的二维、三维之间的对比；大片平面将建筑空间分割为前后两段，通过移动，感知空间整体关系，形成四维时间因素的介入

九 层次构成三者关系比较

9-1 三者关系之区别

“场域建构”“属性同类分配”“元素对比”构成了空间抽象关系的三大层次，三者之间的关系如下：

a.“场域建构”包含“属性同类分配”“元素对比”。“属性同类分配”和“元素对比”是“场域建构”的深化分解，最终乃是对场域关系的提升完善。“场域建构”通常存在于建筑设计阶段。

b.“属性同类分配”是室内空间设计主要的表现途径，其使命在于发现和提炼空间中潜在的逻辑关系与可能性，是“同一性”层次之间相互摆位所产生的场域变化。通常，由多组属性交插间隔的分配方式完成，使重复交错后的分配，产生出新场域层次与层次之间的对比关系。“属性同类分配”的方式，能够保持既有空间形态结构不变的情况下，借助“非形态”手段的介入，改变原有空间的感觉，乃至场域分配的功能和秩序。相比对空间形态与结构的直接调整，“属性同类分配”更具有现实操作的优越性与可行性，对空间的理解亦更趋深刻隐晦。

c.“元素对比”的意义与“属性同类分配”相同，都是为了营造空间层次的对比关系。但不同的是：“元素对比”是两相异“同一性”层次的并置对比，场域感清晰，建构逻辑更加简单明了，建构关系亦相对整体强烈。此类设计方式，分别存在于建筑设计与室内设计阶段。

从如上所述的空间抽象关系三大层次可见，由于三方面侧重点不同，表现的目标自然亦不尽相同，所以设计过程中面对不同的内容与阶段，需分别采用不同的方式。

为方便理解三者关系之别，见图“9-1-1 三大层次构成比较图析”所示，在同一场地中，选择三种不同的表达方式，完成对该场域的深化分解，并且均达到相同的场域建构关系。其中，最有特色的是运用非形态分配方式（见图 9-1-1（d）），在空间中按需相互交错、有序分组，以三种“同一性”因素的分组布置，进行场域属性关系的“合并同类项”，最终共同完成了新场域空间抽象关系的建构。

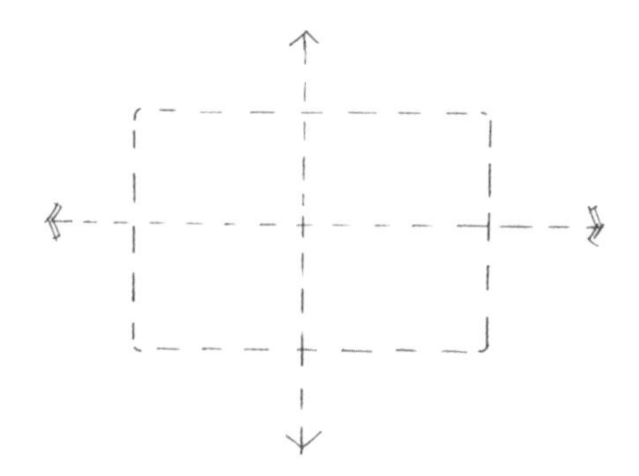

图9-1-1(a) 设定某一原场地

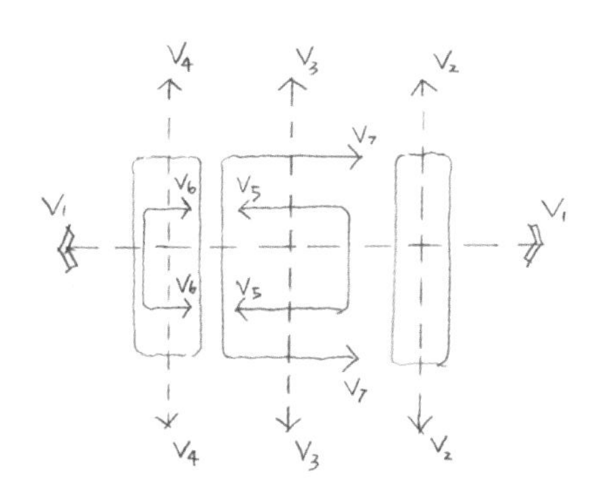

图9-1-1（b）拟建立场域关系如下：
V1轴将V2、V3、V4在横向上串联，形成总体场域。
V2、V3、V4相互对峙，形成之间关系。
V3场域含有V7与V5的包围对比，并构成围合与之间的关系。
V4 场域含有V6的包围对比，
V6与V5相互间隔呼应，形成之间关系，构成同一性联系，
V4与V2 相互间隔呼应，形成之间关系，构成同一性联系。

据图 9–1–1（b）拟建立的场域关系，变化如下：

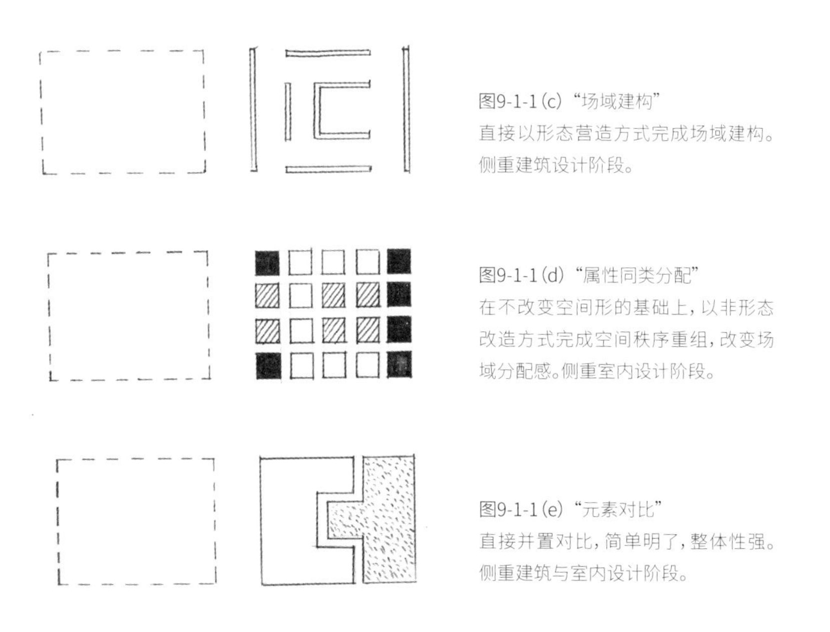

图9-1-1（c）“场域建构”
直接以形态营造方式完成场域建构。
侧重建筑设计阶段。

图9-1-1（d）“属性同类分配”
在不改变空间形的基础上，以非形态改造方式完成空间秩序重组，改变场域分配感。侧重室内设计阶段。

图9-1-1（e）“元素对比”
直接并置对比，简单明了，整体性强。
侧重建筑与室内设计阶段。

图9-1-1 三大层次构成比较图析

9-2 三者关系之关联与总结

空间抽象关系中的三大层次分类，其目的是为了方便理解而进行的概念划分。在实际空间设计的操作过程中，“场域建构”“属性同类分配”“元素对比”三者相互之间的关系，往往是同时并存，难分彼此。尤其在“属性同类分配”中，关于“非形态”的色感、质感、光感、秩序感的再分配，需要与“视觉元素”中的造形因素同时构成抽象关系；而在多空间组合中，则与“空间构形”的建构相互共存，使“非形态分配”同时形成“空间构形”中的“围合”“对峙”“主次”“介入”“对位”“松紧”等层次建构逻辑（见图 9-2-1、图 9-2-2）。

总结三者关系：“元素对比”是属性同类分配中两大对抗属性分配并置的空间视觉形式；“属性同类分配”是场域建构的深化分解，是实现室内功能、空间秩序重构的重要方式；“场域建构”是营造空间抽象关系的开始，也是抽象关系最后的结果。

因此，“有形”也好，“非形”亦罢，最终都为了营造清晰有序的层次对比，建构层次组织的逻辑秩序。而所有的“属性同类分配”、抑或“元素对比”，说到底：均为了服务于场域矢量能的建立，场域建构最终将通过“属性同类分配”得以落地完成。

图9-2-1 母子套叠空间的营造，绿色墙体的再分配，有彩系的斜向挤压形态与无彩系的平直经纬形态，共同实现“场域建构”“属性同类分配”“元素对比”的三者统一

图9-2-2 法国方泰瓦德酒店(Hotel Fontevraud)，帕特里克朱安(Patrick Jouin)设计。酒店由修道院改建而成，新旧元素兼融，材质归类后有序分配，功能区域重新分割，使得该设计综合“场域建构”“属性同类分配”“元素对比”为一体

十 寻求最大化关联性

10-1 关于“关联性”

“关联性”就是合并同类项的概念延伸，或者说是合并同类项的最大化。这是一个跨越思维障碍的研究课题，是一个将空间逻辑整体感推向极致的概念认识。

建立空间抽象关系，首先就是寻找“层次”对比关系。“层次”对比的范围尺度，可大可小，是场域控制力的表现。按照“场域”“界面”“独立物”的认识，如何寻求空间关系中最大化的关联性，即同类项范围的进一步扩展，是空间抽象关系中最后一个关键问题。

对于“关联性”的理解，先让我们看一段写于几年前，针对“碧悦城市酒店”公共区域设计所写的思考笔记，内容摘录如下：

“将空间中的家具视为隆起的地坪，使家具与地坪保持同质同色，合成为一个“同一性”的层次。仅在家具的局部位置，如坐具抱枕、靠垫等处，点缀相对比的色彩。

上述设计手法如同将室内空间视为自然界中的大地，室内地坪与放置其上的家具，就好比大地上的山坡，高低起伏，被披上同一片肌理质感与色彩关系；同时，立面设计也随地坪起伏而上升，成为大地向上的延伸，并逐渐变化其出自于地坪的色调与质感：类似树干的表皮，破土而上，与大地泥土保持类似的色彩同一性，从而使立面、地坪、家具共同构成一个整体性大层次。

而天棚设计亦类似自然中的天空，成为一个覆盖于空间之上的，一个相对独立的界面，在室内设计中，可单独成为一个独立层次，与地坪、家具、陈设、立面等因素相对比，又时而与立面片段保持浑然一体。”

—— 叶铮 2015.5.18

如上的设计描述，恰好类比大自然的景观现象，反映出如何寻求空间关系中最大化的关联性，营造出最整体有力的层次范围。

10-2 建立“关联性”

无对比，即无层次。结果是死板僵化，一片虚无。

对比关系所覆盖的范围大小，决定了空间表现的整体感染力。范围太小，则显琐碎，有失空间力量；范围过大，亦同样显得空洞，与人的体验感知相悖。

因此，基于常人对空间尺度的体验感知为基础，寻求更大层次的同一性范围，将使空间气场更加饱满有序、简洁有力。

如此更大范围的同一性层次合并，最后将面临打破“物”与“物”之间的思维禁锢，突破因概念限定之下所形成的种种认知习惯和形式边界。以室内设计为例，将“关联性”由小至大的不同程度，梳理如下：

（a）同一界面之间的层次对比，或同一空间物件之间的层次对比。
（b）界面与界面之间的层次对比，或一组空间之物与另一组空间之物的层次对比，则范围尺度的关联性较（a）递增一步。
（c）一组空间之物与界面同一范围，与另一界面构成层次对比，则范围尺度的关联性较（b）递增一步。
（d）所有界面保持同一性，与空间之物构成层次对比，则范围尺度的关联性较（c）递增一步。
（e）保持单域内的界面同一性，扩大至多域范围。将空间场域与场域；场域之中的物件与另一场域之中的物件；包括各场域之中的物件和物件与所在场域之间的层次对比，则范围尺度的关联性较（d）递增一步，空间更见大气有力。
（f）若进一步打破“场”“界”“物”的概念制约，继续扩大关联性范围，即开始进入到打破“物之概念”与“物之概念”的思维定式，从而建立起超越“物之概念”边界的空间新秩序，诸如：“它是什么”“功能分区”等惯性思考方式，将全然被另一套“形式逻辑”的分类思维所冲破。由此，空间即重叠各类概念的边界，保持最大限度“同一性”之间的多重构图逻辑并存，是一种“形”“色”分离的透叠式关联性。随着“物”与“物”之间概念的消解，“形”与“色”之间的概念也陷入模糊，如前所述：“形”即“色”；“色”即“形”……以此类推。至此，关联性范围尺度较（e）

递增一步，场域从具象形的制约中获得自由解放。

（g）若追求最大化关联性，使“场”“界”“物”全部呈同一性、对比消失、层次与比例均不存在，抽象关系终结，关联性消失（见图 10-2-1 空间关联性）。

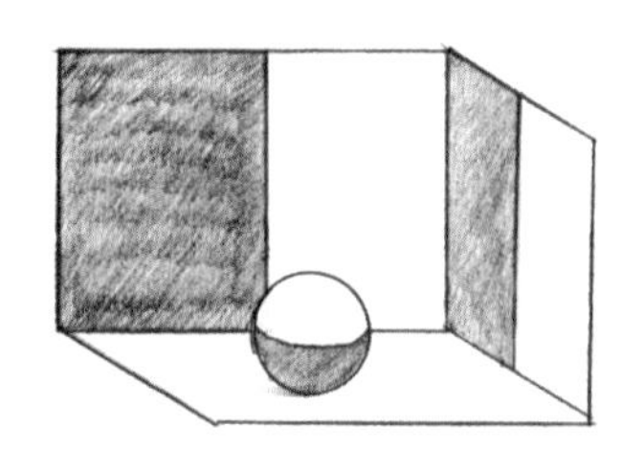

图10-2-1(a)同一界面的层次对比
同一物件的层次对比

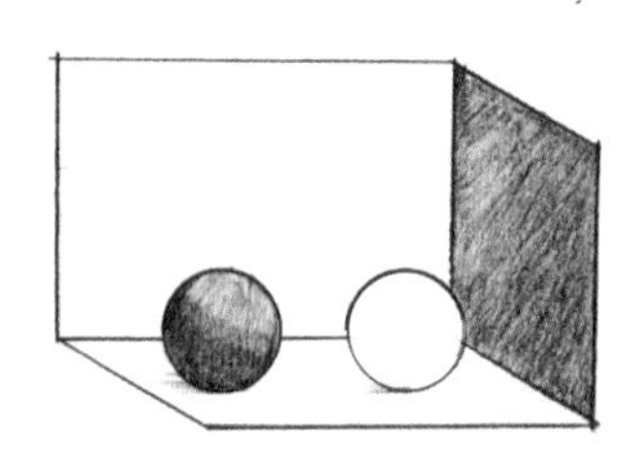

图10-2-1(b)不同界面的层次对比
不同物件的层次对比

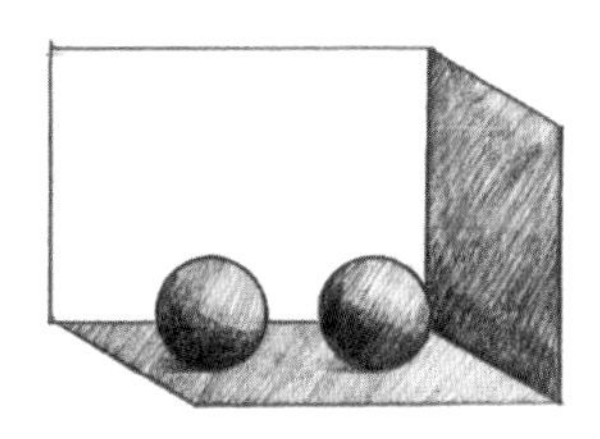

图10-2-1（(c) 界面与物件同一，与另一界面构成层次对比

图10-2-1（(d) 界面之间同一性，与物件构成层次对比

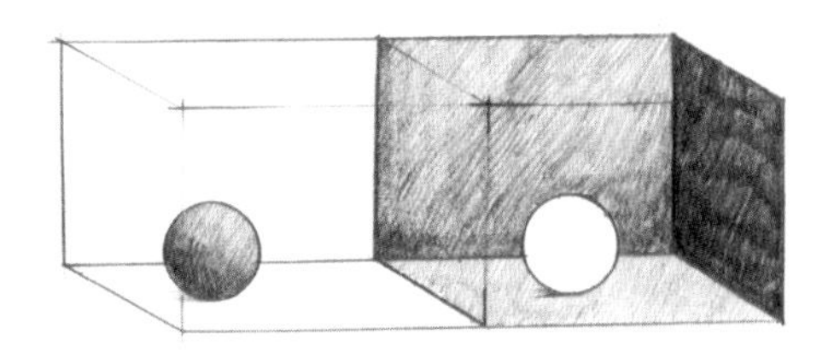

图10-2-1（(e) 场域与场域、物件与物件、场域与物件，彼此相互构成层次对比

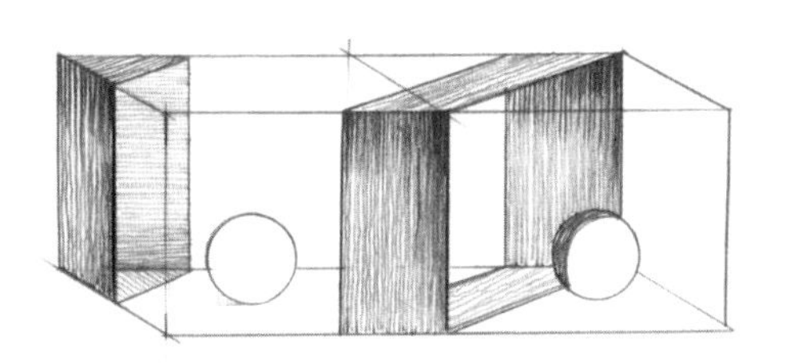

图10-2-1（(f) 打破“场”“界”“物”的定式，形、色分离，双重构图重叠，构成层次对比

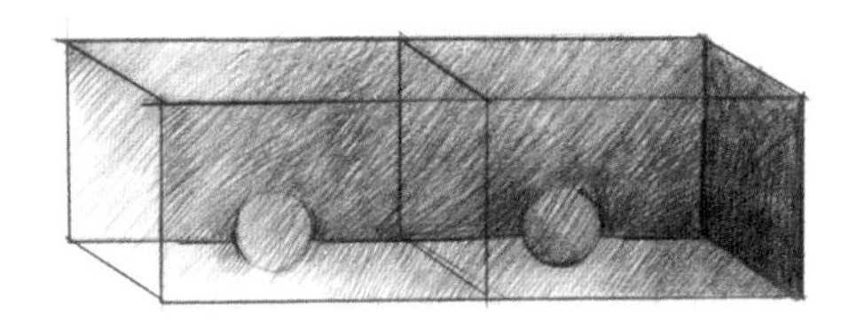

图10-2-1（(g) 关联最大一体化，所有“场”“界”“物”完全同一性，层次消退、关联性终结

图10-2-1 空间关联性

如上这类打破习惯性边界制约的整合方式，是最彻底的层次归纳，即“合并同类项”的发展。在此所指的“项”，不单局限于客观存在的对象，而可以是设计师主观赋予的“项”，是设计师创造力的体现。

这样的方式，将空间中不同部位、不同界面、不同物件，以相同或相近的色调与肌理进行划分组合，追求层次最大化的同一性，使之趋于最大化的关联性。进而与其余并置的最大化关联性层次，共同形成最大化与最简化的整体对比关系，完成空间中具象边界与所扩大关联性层次之间的双重构图，使空间关系充满多意复杂的表现，最终建构出富有创造力量的空间抽象关系（见图 10-2-2 ～图 10-2-8）。

抽象关系的建构过程，是一个从无到有，又是从有形到无形的建设过程。见“表 3 抽象关系建设过程”。

针对空间的解析，本书建立了一系列概念。设计中，概念的建立首先需要对概念产生认知，其次是将概念的完成一做到底，实现概念的“彻底性”“排他性”，即对概念的表现必须清晰了再清晰，强调了再强调。

这便是建立概念的价值。再次拿“关联性”概念为例，认识“关联性”，进而又如何追求最大化、最简化，而不陷入完全虚无之关联，则需设计师对不同空间案例作出量身定制，并不断推进。其实，**概念操作，就是将概念进行到底，推向极致。**

图10-2-2 星空，梵高作。统一的蓝调，将大地上的山脉、田地、树丛、房屋等归结一体，与天空形成整体关联性

图10-2-3 阿姆斯特丹运河酒店Canal House Amsterdam。空间整体融于大片黑色调中，使家具、墙面、地坪归为统一的深色，与明亮顶部相对比，求得空间最大化的关联性

图10-2-4 左右两侧空间，分别形成两大层次的并置，营造空间对比最大化关联性

图10-2-5 通过黄色三角区，建立新的场域空间，打破原有物与物的边界，形色分离、双重构图，形成新的空间关联性

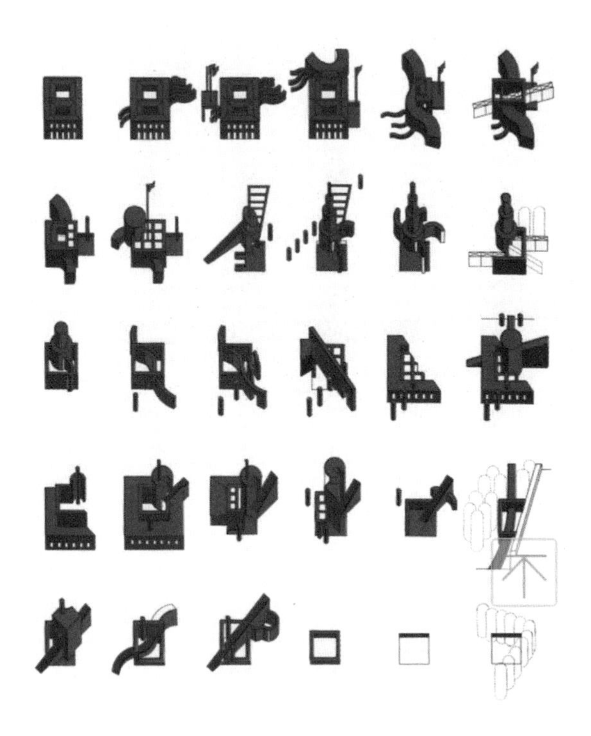

图10-2-6 巴黎拉维莱特公园，伯纳德·屈米设计。在一个开放的场地上，叠放35个构筑物，组成网格状布局，每个构筑物均采用红色钢材，以相近尺度与造形组成。使布局、色彩、材质、尺度、形态等因素，共同形成场地的关联性

图10-2-7 纽约艾迪逊酒店餐厅。以深木色墙裙与门套线为界，空间形成上下两大层次。下部将家具融于地板及墙裙之中，点缀草绿其中；上半部墙面与顶面呈乳白色调，构成上下两大关联性对峙

图10-2-8 通过质感与色调的相似性，求得空间气息的最大化关联性

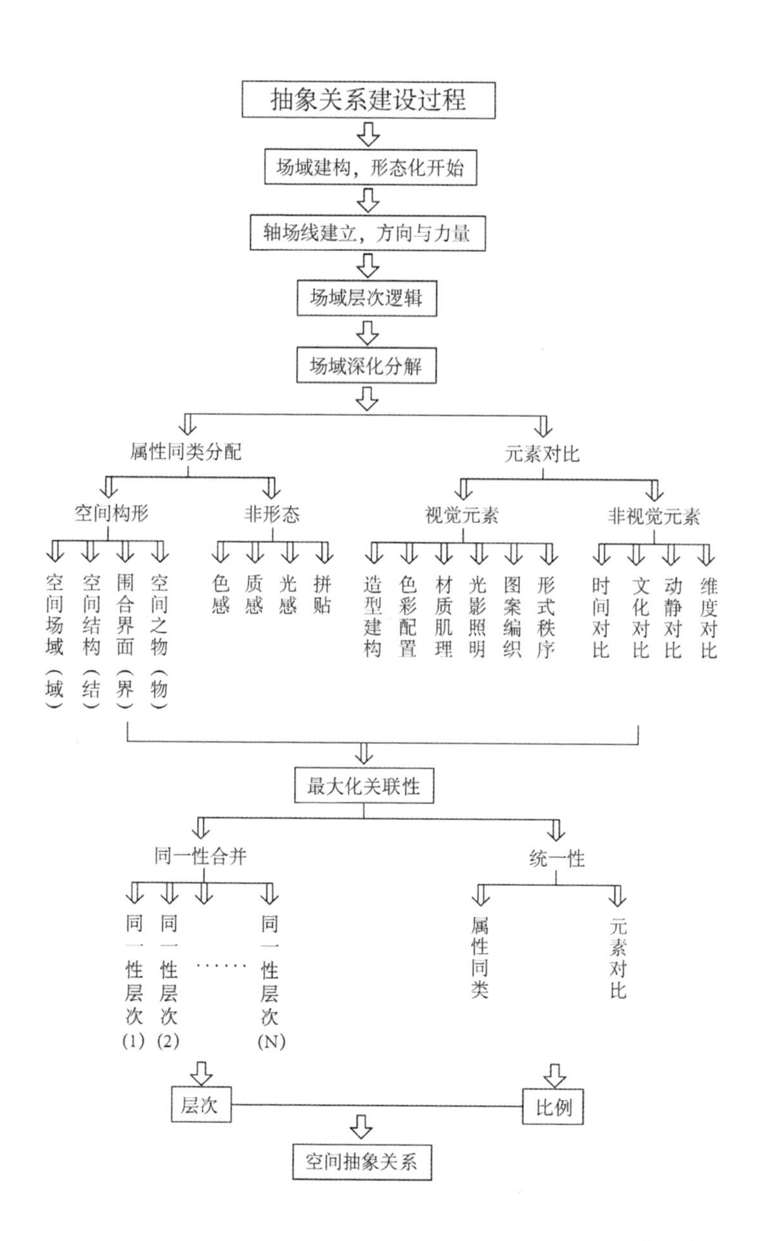
抽象关系建设过程
场域建构，形态化开始
轴场线建立，方向与力量
场域层次逻辑
场域深化分解
属性同类分配
元素对比
空间构形
非形态
视觉元素
非视觉元素
空间场域（域）
空间结构（结）
围合界面（界）
空间之物（物）
色感
质感
光感
拼贴
造型建构
色彩配置
材质肌理
光影照明
图案编织
形式秩序
时间对比
文化对比
动静对比
维度对比
最大化关联性
同一性合并
统一性
同一性层次(1)
同一性层次(2)
……
同一性层次(N)
属性同类
元素对比
层次
比例
空间抽象关系

表3 抽象关系建设过程

结语 Epilogue

对空间的理解，抽象关系似乎只是一个开头。

恰如本书上篇中所说的那样，认识空间的关键问题在于甄别空间本体与空间载体的互相关系。然而，在本书行将结束之际，仍有一大问题始终缠绕着对空间的认识，却一直未敢贸然提及，那便是“时间”。

我越来越感到：“时间”才是空间最根本的载体。

本书在开篇中曾言：“混沌初开之先，空间只是一个抽象存在，谓之本体；混沌初开之后，空间是一个具象载体，并与时间同行。”

对空间的理解，在混沌初开之后，一直是伴随着时间的流逝，即“移动”。没有“移动”，就无法感知空间全貌。其实，“移动”就是时间对空间的演绎。

但，移动相同的空间路径，所花费的时间却不是一个定数。由于技术的介入，时速改变了时间的节拍，亦浓缩了对空间的感知体验。

漫漫空间之旅，也许未来只是瞬间而已。如果假设时速被无限推进，那么，对空间的感知也相应被无限压缩，直至移动趋零，体验成为一种概念性输入，从而回归抽象本质，进混沌初开之境。但，空间的本质依然存在。

我亦一直认为：“空间大于时间。”时间的出现是在空间之后，因为时间亦是具象之母。最终，因为速度的不断发展，时间消灭了空间的具象性体验。时间与空间同时在人的感知中消失，进而由可感知的解读蜕变成抽象意念。

时间，是空间的形式，是空间最后的载体。

倘若能运用上述的认识于空间设计之中，可以增加移动的概念，赢取时间，加强空间的表现力。通过分割、围合、迂回、曲折、交错……在设计中减缓时间过快的流逝，完成对空间感的追求。

难道，存在于自然世界中的空间形象不正是如此呈现吗？千百年来，中国传统的园林设计不正是此类宇宙观的空间物化吗？

方寸之间即天地。

叶铮

2020.3.1 于上海

图片来源

本书图片来源各种渠道，且时间跨度十余年之久，许多资料已难以考证其详细出处，仅以如下大类分述。在此对那些未能注明具体身份的相关图片，深表歉意！对所有资料来源，尤其是网络平台，深表感谢！

相关资料翻拍：图 1-1-1、图 1-1-3（右）、图 2-3-1、图 2-3-2、图 2-3-4、图 4-2-4、图 4-2-6、图 4-2-7、图 4-2-8、图 4-2-11、图 5-2-2、图 6-1-12.a、b、c、图 6-1-37、图 6-1-38、图 6-2-10、图 6-2-11、图 7-3-2、图 7-4-1、图 7-4-9、图 8-2-1、图 8-2-9、图 10-2-3

相关网络平台：图 4-2-2、图 4-2-5、图 4-2-9、图 4-2-10、图 4-2-12、图 4-2-13、图 5-2-4、图 5-2-5、图 6-1-19、图 6-1-23、图 6-1-24、图 6-1-27、图 6-1-29、图 6-1-34、图 6-2-7、图 6-2-13、图 7-1-2、图 7-1-3、图 7-2-1、图 7-2-2、图 7-2-3、图 7-2-4、图 7-2-5、图 7-2-6、图 7-2-7、图 7-2-8、图 7-2-9、图 7-2-10、图 7-3-3、图 7-4-2、图 7-4-3、图 7-4-4、图 7-4-6、图 7-4-7、图 7-4-8、图 7-4-10、图 8-2-2、图 8-2-3、图 8-2-4、图 8-2-6、图 8-3-1、图 8-3-2、图 8-3-3、图 8-3-4、图 9-2-1、图 9-2-2、图 10-2-2、图 10-2-4、图 10-2-5、图 10-2-6、图 10-2-7、图 10-2-8

叶铮插绘：图 3-2-1、图 3-2-2、图 3-2-3 图 3-2-4、图 3-2-5、图 4-1-1、图 4-1-2、图 4-1-3、图 4-1-4、图 6-1-1、图 6-1-2、图 6-1-3、图 6-1-4、图 6-1-5、图 6-1-6、图 6-1-7、图 6-1-8、图 6-1-9.b、c、d、图 6-1-10.b、c、d、图 6-1-11.b、c、d、图 6-1-12.d、e、图 6-1-13.b、c、d、图 6-1-14、图 6-1-15.a、b、c、d、e、图 6-1-16.a、b、c、d、e、f、图 6-1-17.a、b、图 6-1-18.a、b、c、图 6-1-20、图 6-1-21.a、b、图 6-1-22、图 6-1-25、图 6-1-26、图 6-1-28、图 6-1-30.a、b、图 6-1-31、图 6-1-32.a、b、c、图 6-1-33.a、b、图 6-1-36.a、b、图 6-1-39、图 6-1-40、图 6-2-1、图 6-2-4、图 6-2-5、图 6-2-6、图 6-2-8、图 6-2-9、图 6-2-12、图 6-2-14、图 6-2-16、图 6-2-19、图 6-2-20、图 7-3-4. 表、a、b、c、d、e、f、g、图 7-4-5.a、b、c、d、e、f、g、h、i、j、图 8-2-11、图 8-3-5、图 9-1-1.a、b、c、d、e、图 10-2-1.a、b、c、d、e、f、g

叶铮拍摄：图 1-1-2、图 1-1-3（左）、图 1-1-4、图 2-3-3、图 4-2-1、图 4-2-2、图 4-2-3、图 5-2-3、图 6-1-9.a、图 6-1-10.a、图 6-1-11.a、图 6-1-13.a、图 6-1-27、图 6-1-29、图 6-1-35、图 6-2-3、图 6-2-17、图 6-2-20、图 8-2-5、图 8-2-7、图 8-2-8、图 8-2-10

泓叶室内设计事务所：图 5-2-1、图 6-2-2、图 6-2-15、图 6-2-18、图 7-1-1、图 7-3-1、图 8-2-11

致谢
Acknowledgement

非常感谢在撰写《空间思哲》一书过程中，得到各位同行友人的关心支持，由于他们的鼓励与期望，方使本书得以最终完稿。

在此，首先感谢徐纺老师的鼎力推荐，如果没有她的热心介绍，本书可能至今仍未面世。

其次，衷心感谢辽宁科学技术出版社杜秉旭主任的支持，尤其在整个出版过程中所体现出来的高效率及专业洞悉力，着实为人叹服。

同时，对本书的文图编排处理投入大量精力的陶明江老师，深表感谢。

最后，对于本书中所被引用图片的发布方，深表谢意。对“HYID泓叶设计”团队多年来的设计实践与总结，表示深深的敬意。

愿本书的出版，在空间认识的行旅中，对广大读者有所裨益。

叶铮

2020年5月15日于上海

图书在版编目（CIP）数据

空间思哲 ：空间本体与载体的抽象关系 / 叶铮著
— 沈阳 ：辽宁科学技术出版社，2020.10（2024.3重印）
ISBN 978-7-5591-1698-7

Ⅰ. ①空… Ⅱ. ①叶… Ⅲ. ①建筑空间—研究
Ⅳ. ① TU-024

中国版本图书馆 CIP 数据核字（2020）第 144375 号

出版发行：辽宁科学技术出版社
（地址：沈阳市和平区十一纬路 25 号 邮编：110003）
印 刷 者：深圳市福圣印刷有限公司
经 销 者：各地新华书店
幅面尺寸：160mm×230mm
印　　张：11.5
字　　数：200 千字
出版时间：2020 年 10 月第 1 版
印刷时间：2024年 3月第 4 次印刷
责任编辑：杜丙旭 关木子
封面设计：关木子
版式设计：关木子
责任校对：周 文

书　　号：ISBN 978-7-5591-1698-7
定　　价：58.00 元

联系电话：024-23284360
邮购热线：024-23284502
http://www.lnkj.com.cn